沿海地区海水侵蚀问题模型的数学研究

李　季◎著

四川・成都

图书在版编目(CIP)数据

沿海地区海水侵蚀问题模型的数学研究/李季著．—成都：西南财经大学出版社，2020.4
ISBN 978-7-5504-3859-0

Ⅰ.①沿…　Ⅱ.①李…　Ⅲ.①数学模型—应用—生态学—研究
Ⅳ.①Q14

中国版本图书馆 CIP 数据核字(2018)第 300665 号

沿海地区海水侵蚀问题模型的数学研究

YANHAI DIQU HAISHUI QINSHI WENTI MOXING DE SHUXUE YANJIU

李季　著

策划编辑：何春梅
责任编辑：何春梅　王正好
封面设计：墨创文化
责任印制：朱曼丽

出版发行	西南财经大学出版社(四川省成都市光华村街 55 号)
网　　址	http://www.bookcj.com
电子邮件	bookcj@foxmail.com
邮政编码	610074
电　　话	028-87353785
照　　排	四川胜翔数码印务设计有限公司
印　　刷	四川五洲彩印有限责任公司
成品尺寸	170mm×240mm
印　　张	9.5
字　　数	193 千字
版　　次	2020 年 4 月第 1 版
印　　次	2020 年 4 月第 1 次印刷
书　　号	ISBN 978-7-5504-3859-0
定　　价	58.00 元

前言

在地球上，超过97%的水都是海水，淡水占比不到3%。大约2/3的淡水量是以冰的形式存在的，剩下的约1/3是地下水和低百分比的地表水。现在，淡水资源还能满足人类的消费和工业活动，但是随着社会的发展，淡水量的需求也将越来越大。又由于地表水是不足以维系人们使用的，所以地下水成为目前人类最需要的资源。因此，如何做好淡水资源管理将成为一个重要的挑战。与此同时，我们也必须考虑各方面的原因：①由于地下水的开采，水平面已经下降到了地表淡水含水层；②全球气候变化带来的后果；③农田肥料及杀虫剂对含水层的污染；④海平面的不断上升，海水入侵对淡水含水层的影响。

尤其是在沿海地区，人口的高密度和海平面的升高只会增加淡水区域的海水入侵问题。

虽然现在世界上已经有不少书籍和文献对相关领域做出研究，但是由于各种局限性，这些研究并不能非常准确和有效地建立一个模型。而我们则是在研究这些模型的基础上进一步建立一个相对准确有效的模型。

通过研究之前的模型，我们将模拟模型按含水层类型分为两种：受限制的含水层（含水层顶部与底部不可渗透，禁止一切流动）与自由含水层（含水层顶部可渗透或者半可渗透）。我们认为在咸水层和淡水层相互作用、相互影响下，在它们之间形成了一个具有特征性的关于盐的浓度的过渡区域；同时我们注意到，在盐水完全饱和与完全干旱之间有一种减饱和的情况，这种情况是非常难定义的。然后我们根据各层之间是否可以渗透将临界面分为光滑临界面和可扩散临界面两种情况。

在本书中，我们首先结合质量守恒定律（分别对咸水和淡水）和经典的Darcy定律进行建模。然后通过对垂直部分求积分近似将3D模型转变成2D模型（随后利用Dupuit近似变成3D模型）。从数学层面来讲，在受限制含水层的情况下，存在一个拟线性退化的椭圆—抛物线耦合方程组；在自由含水层的情况下，存在一个退化的抛物线耦合方程组。

我们通过研究不同情况下模型的解的存在性和唯一性来找到合理的淡水资源开采点。

与此同时，我们在应用这些模型时，需要通过考虑模型中水利传导系数、孔隙率以及储水量等的参数问题来提高建模的效率。由于通过实地测量获得这些参数往往非常困难，但是对这些参数的识别又是建模的基本步骤，所以我们将重点研究海水入侵一类问题中的参数识别问题。

对这些参数的估计需要基于观测或者实地测量咸水、淡水界面的深度和地下水位的深度，我们只有通过监测井的数量进行特定的观测（空间和时间上）。此外，海水的入侵现象往往是短暂的，而其主要形式主要取决于水力传导系数，其他参数比如孔隙率主要是对达到稳定状态的时间起作用，所以想研究非稳定状态下的模型，这两个参数是重中之重。在本书的最后一章，我们将针对参数识别问题进行探讨。

本书的写作主要是在Carole Rosier教授（Univ. du Littoral Côte d'Opale）以及Catherine Choquet教授（Univ. de La Rochelle）的指导下完成的，在此对他们表示衷心感谢。

最后，感谢重庆工商大学数学与统计学院的大力支持。

李　季

2018年12月

Résumé

Le thème de cet livre est l'analyse mathématique de modèles décrivant l'intrusion saline dans les aquifères côtiers. On a choisi d'adopter la simplicité de l'approche avec interface nette: il n'y a pas de transfert de masse entre l'eau douce et l'eau salée (resp. entre la zone saturée et la zone sèche). On compense la difficulté mathématique liée à l'analyse des interfaces libres par unprocessus de moyennisation verticale nous permettant de réduire le problem initialement 3D à un système d'edps définies sur un domaine, Ω, 2D. Un sec ond modèle est obtenu en combinant l'approche interface nette à celle avec interface diffuse; cette approche est déduite de la théorie introduite par Allen Cahn, utilisant des fonctions de phase pour décrire les phénomènes de transition entre les milieux d'eau douce et d'eau salée (respectivement les milieux saturé et insaturé). Le problème d'origine 3D est alors réduit à un système fortement couplé d'edps quasi-linéaires de type parabolique dans le cas des aquifères libres décrivant l'évolution des profondeurs des 2 surfaces libres et de type elliptique-parabolique dans le cas des aquifères confinés, les inconnues étant alors la profondeur de l'interface eau salée par rapport à eau douce et la charge hydraulique de l'eau douce.

Dans la première partie de la livre, des résultats d'existence globale en temps sont démontrés montrant que l'approche couplée interface nette-interface dif fuse est plus pertinente puisqu'elle permet d'établir un principe du maximum plus physique (plus précisèment une hiérarchie entre les 2 surfaces libres). En revanche, dans le cas de l'aquifère cononfiné, nous montrons que les deux approaches conduisent à des résultats similaires. Dans la seconde partie de la livre, nous prouvons l'unicité de la solution dans le cas non dégénéré, la preuve reposant sur un résultat de régularité du gradient de la solution dans l'espace $L^r(\Omega_T)$, $r > 2$, $(\Omega_T = (0, T) \times \Omega)$. Puis nous nous intéressons à un problème d'identification des conductivités hydrauliques dans le cas instationnaire. Ce problème est formulé par un problème d'optimisation dont la fonction coût mesure l'écart quadratique entre les charges hydrauliques expérimentales et celles données par le modèle.

Table des matières

Introduction / 1

Rappels Préliminaires / 7

1 Modélisation des aquifères / 11

1. 1 Quelques définitions / 11

1. 1. 1 Définition d'un aquifère / 11

1. 1. 2 Définition de l'interface / 12

1. 1. 3 Porosité totale et porosité efficace / 13

1. 1. 4 Hauteur piézométrique / 13

1. 1. 5 Charge hydraulique / 13

1. 1. 6 Coefficient d'emmagasinement / 14

1. 1. 7 Coefficient d'emmagasinement spécifique / 14

1. 1. 8 Conductivité hydraulique / 14

1. 2 Les différentes équations du modèle / 15

1. 2. 1 Equation de Darcy / 15

1. 2. 2 Equation de continuité / 15

1. 3 Les différentes hypothèses pour notre problème / 16

1. 3. 1 Hypothèse sur la compréssibilité du fluide / 16

1. 3. 2 Hypothèse sur la compressibilité du sol / 16

1.3.3 Hypothèse sur l'écoulement / 16

1.3.4 Hypothèse d'interface nette / 17

1.3.5 Approche hydraulique / 18

1.4 Dérivation des équations 2D / 18

1.4.1 Choix des inconnues / 19

1.4.2 Termes sources / 19

1.4.3 Intégration dans le domaine d'eau douce / 20

1.4.4 Intégration dans le domaine d'eau salée / 20

1.5 Equations de continuité à l'interface / 21

1.5.1 Continuité de la pression à l'interface z = h / 21

1.5.2 Continuité de la viscosité à l'interface z = h / 22

1.5.3 Continuités des composantes normales de la vitesse aux interfaces / 22

1.6 Présensation finale des modèles / 27

1.6.1 Cas d'un aquifère confiné / 27

1.6.2 Cas d'un aquifère libre / 29

1.6.3 Conditions aux limites et Conditions initiales / 30

1.6.4 Présence d'une rivière / 31

2 Existence globale en temps de la solution dans le cas d'un aquifère confiné / 33

2.1 Introduction / 33

2.2 Résultats préliminaires et notations / 33

2.3 Existence globale dans le cas d'une interface nette / 36

2.4 Existence globale dans le cas de l'approche interface diffuse / 49

3 Existence globale en temps de la solution dans le cas d'un aquifère libre / 61

3.1 Introduction / 61

3. 2 Existence globale en temps dans le cas de l'interface diffuse / 62

3. 2. 1 Introduction / 62

3. 2. 2 Enoncé du Théorème 5 / 62

3. 2. 3 Démonstration / 62

3. 3 Existence globale en temps dans le cas de l'interface nette / 76

4 Unicité de la solution dans le cas de l'approche interface nette-diffuse / 91

4. 1 Introduction / 91

4. 2 Notations et résultats de régularité / 93

4. 2. 1 Notation / 93

4. 2. 2 Rappels des résultats de régularité / 94

4. 2. 3 Preuve du résultat de régularité / 97

4. 3 Unicité dans le cas confiné avec interface diffuse / 102

4. 4 Unicité dans le cas d'un aquifère libre / 106

5 Identification des paramètres dans le cas instationnaire / 109

5. 1 Introduction / 109

5. 2 Formulation du problème / 111

5. 3 Existence du contrôle optimal / 114

5. 4 Conditions d'optimalité / 115

5. 5 Identification de la conductivité et de la porosité / 125

6 Conclusions et Perspectives / 129

Références / 131

Introduction

Sur terre, plus de 97% de l'eau est salée, l'eau douce représentant moins de 3% de l'eau totale de la planète. A peu près deux tiers de cette quantité d'eau douce est sous forme de glace, le tiers restant constitue les réserves d'eaux souterraines et le faible pourcentage restant représente les eaux de surface, qui, jusqu'à récemment étaient suffisantes pour répondre à la consommation humaine et aux activités industrielles. l'explosion démographique et industrielle nécessitent une quantité d'eau douce de plus en plus considérable. Les eaux de surface n'étant plus suffisantes, les réserves d'eau souterraines sont à présent indispensables et incontournables pour les besoins humains.

Une meilleure gestion des ressources en eau douce devient un enjeu primordial et un défi planétaire majeur du XXIe siécle. Nous devons tenir compte de nombreux facteurs: la diminution du niveau d'eau douce dans les aquifères à cause de leur sur-exploitation, les conséquences des changements climatiques sur le niveau des rivières, la pollution des aquifères par les pesticides et les engrais des terres agricoles qui contaminent l'eau douce pour des décennies.

Dans les zones côtières, la forte densité de population (occasionnant des pompages intensifs d'eau douce) et la surélévation du niveau de la mer ne font qu'accroître le problème d'intrusion marine dans les nappes d'eau douce.

Les échanges hydrauliques entre l'eau douce souterraine et l'eau salée sont généralement lents dans des conditions naturelles, ils sont alors remplacés par un quasi-équilibre entre les 2 zones (ce qui correspond à l'approximation de Ghyben–Herzberg). Plusieurs modèles analytiques dérivent de cette approche mais ces solutions analytiques se limitent à des géométries très simples et à des situations où l'hypothèse de Ghyben-Herzberg est satisfaite, elles sont donc essentiellement utilisées comme cas test pour valider des codes numériques. Supposer que la zone d'eau salée est immobile n'est plus possible dans des conditions plus drastiques dues à des événements météorologiques ou à l'intervention humaine qui, en pompant intensivement l'eau douce, provoque une baisse du niveau de la nappe phréatique et une intrusion de l'eau saline dans l'aquifère. l'eau salée, plus dense que l'eau douce, glisse en dessous de cette dernière et envahit l'aquifère sous forme d'un biseau salé. Afin d'optimiser l'exploitation des eaux souterraines, nous avons donc besoin de modèles précis et efficaces simulant le déplacement du front salé dans l'aquifère côtier.

Ils existent de nombreux livres de référence concernant la modélisation du problème d'intrusion marine et les références qui s'y rapportent. Dans l'optique de notre étude, nous dirons qu'on peut classer les modèles existants pour décrire l'intrusion saline en 2 grandes catégories:

Celle qui considère que les deux volumes d'eau interagissent entre eux, formant ainsi une zone de transition caractérisée par les variations de la concentration en sel. Cette approche est très lourde d'un point de vue théorique et numérique.

Notons aussi qu'il existe une zone de transition entre la zone saturée en eau et la zone séche du réservoir, la zone de désaturation restant difficile à définir. La seconde catégorie considère que l'eau douce et l'eau salée sont deux fluides immiscibles. Les domaines occupés par chaque fluide sont supposés séparés par une interface nette (on néglige alors les transports de masse entre la zone salée et la zone d'eau douce). Cette approximation est d'autant plus légitime que la dimension verticale de l'aquifère (de l'ordre d'une dizaine de mètres) est souvent très petite comparée aux dimensions horizontales de l'aquifère qui sont de l'ordre du km.

De la même façon, l'épaisseur de la zone de transition est négligeable par rapport aux dimensions horizontales de l'aquifère. Pour les mêmes raisons, on peut considérer que l'interface entre les zones saturée et sèche, est nette (négligeant ainsi les effets de la pression capillaire).

Clairement, ce type de modèle ne décrit pas le comportement de la zone de transition mais il donne des informations sur le mouvement du front salé (ou de la surface supérieure de l'aquifère). Récemment une nouvelle approche a été introduite par C. Choquet et el. qui combine l'efficacité du modèle avec interface nette au réalisme des modèles avec interface diffuse. Cette approche est déduite d'un modèle de type Allen-Cahn, développé à l'origine pour les phénomènes de transition de phase dans un contexte fluide – fluide et qui est utilisé ici pour décrire les trois états stables caractérisant la zone de transition. Nous allons, dans ce document, étudier et comparer l'approche avec interface abrupte et celle avec interface diffuse.

On distingue deux types d'aquifère: Les aquifères confinés pour lesquels les couches supérieures et inférieures sont supposées imperméables, interdisant alors tout échange avec l'exterieur, et les aquifères libres pour lesquels le toit de l'aquifère est semi-perméable ou perméable (en particulier l'aquifère peut être rechargé en eaux pluviales).

D'un point de vue mathématique, le modèle consiste en un système fortement couplé d'équations dégénérée parabolique – elliptique quasi-linéaires pour le cas confiné et d'équations paraboliques dégénérées pour le cas libre. l'approche avec interface diffuse permet d'une part d'éliminer la dégénérescence mais surtout d'établir un principe du maximum plus réaliste d'un point de vue de la physique, plus précisèment une hiérarchie entre les profondeurs des interfaces libres. Les premiers travaux mathématiques sur le problème d'intrusion marine ont été faits en prenant pour cadre d'étude les problèmes à frontière libre (l'interface eau douce / eau salée étant cette frontière), citons les travaux de Van Duijn pour des résultats d'existence de la solution mais aussi de régularité de la frontière libre dans le cas d'un écoulement stationnaire. En particulier, les auteurs regardent le cas d'un aquifère confiné et ramène le problème dans le cas 1D ($\Omega = [-1,1]$) à une équation parabolique non-linéaire avec 2 dégénérescences, l'une pour la solution u et l'autre pour u_x. Ils montrent alors dans plusieurs situations, l'existence et l'unicité pour des solutions de $L^\infty(0,T, W^{1,\infty}(-1,1))$. Cette étude permet de retrouver le phénomène de cisaillement observé par Josselin de Jong. Nous soulignons qu'elle se limite au cas 1D et les hypothèses de régularité sur la solution sont très fortes en particulier u_t doit appartenir à $L^2(\Omega_T)$. Nous avons aussi les travaux de Baiocchi et al. concernant les problèmes de filtrage de liquides dans des milieux poreux, et G. Alducin donne un résultat d'existence et d'unicité pour le problème d'intrusion marine dans le cas stationnaire utilisant la formulation introduite pour un problème d'écoulement dans une digue donné par Brézis et al. Dans tous ces travaux, le domaine d'étude est pris dans le plan vertical et l'interface eau douce / eau salée est traitée comme une frontière libre. Dans notre étude, nous considérons que l'écoulement des eaux souterraines est quasi-horizontal, notre domaine d'étude étant alors dans le plan horizontal (aprés avoir appliqué l'approximation de Dupuit au modèle initial 3D, ce qui permet de ramener notre étude à un problème 2D). Dans l'autre travaux par Tber et el. , les auteurs considèrent le modèle 2D résultant des approximation de Dupuit et interface nette, ils prouvent l'existence et l'unicité dans le cas stationnaire et établissent un résultat d'existence dans le cas instationnaire, utilisant une discrétisation de type différences finies pour traiter l'évolution en temps. Dans les travaux de K. Najib et C. Rosier(2011), les auteurs montrent directement l'existence d'une solution dans le cas confiné et instationnaire, la preuve s'appuyant sur le théorème du point fixe de Schauder. Ce résultat est généralisé en 2015, au cas de l'aquifère libre avec l'approche interface diffuse, le coefficient diffusif supplémentaire permettant alors d'établir une hiérarchie entre les hauteurs des surface libres.

Dans ce travail, nous proposons une étude mathématique comparative des deux approches interface nette et interface diffuse dans le cas d'un aquifère confiné et dans celui d'un aquifère libre, plus précisèment, nous établissons dans le cas confiné avec interface diffuse, un résultat d'existence globale en temps de la solution montrant que, malgré l'ajout du terme diffusif, nous sommes toujours obligés de supposer une épaisseur d'eau douce strictement positive dans l'aquifère, pour obtenir une estimation uniforme de la norme L^2. du gradient de la charge hydraulique d'eau douce. Dans le cas d'une nappe libre, nous étudions le système issu du modèle avec interface abrupte. Nous donnons un résultat d'existence globale en temps plus délicat à cause de la dégénérescence des équations. Nous montrons que l'ajout des interfaces diffuses permet de prouver un principe du maximum plus fin que dans le cas des interfaces abruptes. Notons que les résultats des chapitres 2 et 3.

Compte tenu de la conjonction des trois difficultés: la non linéarité, la dégénérescence et le fort couplage des équations, il existe peu de résultats sur l'unicité des solutions pour de tels systèmes. Dans ce document, nous établissons un résultat d'unicité dans le cas de l'approche avec interface diffuse, ce qui permet d'éliminer la difficulté liée à la dégénérescence des équations. Ce résultat repose sur des estimations uniformes des normes $L^r(\Omega_T)$, $r > 2$ des gradients des charges hydrauliques. Cette régularité supplémentaire combinée aux inégalités de Gagliardo-Nirenberg permet de traiter la non linéarité dans la preuve de l'unicité pour le cas confiné.

Enfin nous résolvons un problème d'identification de paramètres par la méthode de l'état adjoint.

La manuscript est organisé comme suit:

Après avoir rappelé des notations et des résultats préliminaires, le chapitre 1 est dédié à la description des modèles avec les approches interface nette-interface diffuse dans les cas des aquifère confinés et libres.

Dans le chapitre 2, nous donnons des résultats d'existence pour les aquifères confinés. Les preuves reposent sur l'application du théorème du point fixe de Schauder appliqué à un problème intermédiaire tronqué et régularisé. Puis on établit un principe du maximum et des estimations à priori qui nous permettent d'éliminer les termes de troncature et de passer à la limite. Ce chapitre établit que, malgré le terme diffusif supplémentaire résultant de l'approche avec interface diffuse, nous sommes toujours obligés de supposer une épaisseur d'eau douce > 0 dans l'aquifère pour démontrer une estimation uniforme en norme L^2 du gradient de la charge hydraulique, nécéssaire pour le passage à la limite.

Dans le chapitre 3, nous étudions le système dans le cas de l'aquifère libre, les inconnues étant alors les hauteurs des interfaces. Nous regardons essentiellement le cas avec interface nette puisque celle avec interface diffuse. Nous utilisons la technique introduite par Alt-Luckhauss pour traiter la dégénérescence représentée par la fonction Ψ et ainsi donner des estimations des translatés en temps de $\Psi(u)$, u étant la solution, ce qui permet alors d'appliquer le résultat de compacité. Ce chapitre montre l'importance dans le cas de l'aquifère libre, du terme diffusif supplémentaire introduit dans l'approche interface diffuse qui permet d'établir une hiérarchie entre les hauteurs de 2 surfaces libres.

Le chapitre 4 est consacré à l'étude de l'unicité de la solution dans le cas d'un aquifère confiné. Nous rappelons que nous sommes confrontés à trois difficultés: la non linéarité; la dégénérescence et le fort couplage des équations. À notre connaissance, les résultats d'unicité pour de tels systèmes sont très rares, le traitement des termes non linéaires nécéssitant des résultats de régularité de la solution supplémentaires. Nous éliminons ici la difficulté liée à la dégénérescence en regardant l'approche avec interface diffuse. La clef du résultat repose sur un résultat de régularité dans le cas elliptique et généralisé au cas parabolique et donnant une estimation en norme $L^r(\Omega)$ (resp. $L^r(\Omega_T)$), $r > 2$ du gradient de la solution, l'exposant r dépend essentiellement des caractéristiques de l'opérateur elliptique.

Finalement, nous concluons ce travail, par la résolution du problème d'identifications de la conductivité hydraulique et de la porosité dans le cas instationnaire, généralisant ainsi les travaux faits par Talibi et Tber dans le cas stationnaire. Ce problème se ramène à chercher le minimum d'une fonction coût calculant l'écart quadratique entre les valeurs mesurées des charges hydrauliques et de la profondeur de l'interface entre l'eau douce et l'eau salée et celles données par le système d'état dans le cas d'un aquifère confiné. En considérant ce système comme une contrainte pour le problème d'optimisation et en introduisant le Lagrangien associé à la fonction coût et au système d'état, nous montrons que le système d'optimalité a au moins une solution.

Rappels Préliminaires

Formule de Leibniz:

Soit I l'intégrale définie par:

$$I(t) = \int_{g(t)}^{h(t)} f(x,t)\,\mathrm{d}x, \text{ avec } h,g,f \in C^1(R),$$

Alors

$$\frac{\mathrm{d}I}{\mathrm{d}t} = \int_{g(t)}^{h(t)} \frac{\partial f}{\partial t}(x,t)\,\mathrm{d}x + f(h(t),t)\frac{\partial h(t)}{\partial t} - f(g(t),t)\frac{\partial g(t)}{\partial t},$$

d'où

$$\int_{g(t)}^{h(t)} \frac{\partial f}{\partial t}(x,t)\,\mathrm{d}x = \frac{\mathrm{d}I}{\mathrm{d}t} - f(h(t),t)\frac{\partial h(t)}{\partial t} + f(g(t),t)\frac{\partial g(t)}{\partial t}.$$

Théorème 1: (Schauder)

Soit X un espace de Banach, on suppose que $K \subset X$, est un convexe compact non vide et de plus

$$T: K \to K$$

est une application continue. Alors T admet un point fixe dans K.

Théorème 2: (Injections de Sobolev $N \geqslant 2$)

Soient $N \geqslant 1$, w un ouvert régulier de $\mathbb{R}^n$, $n \geqslant 2$ et $1 \leqslant p \leqslant +\infty$, q tel que $\frac{1}{p} + \frac{1}{q} = 1$, on a:

1. les injections continues:

$$\begin{cases} 1 \leqslant p \leqslant N & \Rightarrow \quad W^{1,p}(\Omega) \hookrightarrow L^{p^*}(\Omega), p^* = \dfrac{Np}{N-p} \\ p = N & \Rightarrow \quad W^{1,p}(\Omega) \hookrightarrow L^{q}(\Omega) \\ p > N & \Rightarrow \quad W^{1,p}(\Omega) \hookrightarrow C^{0,1-\frac{N}{p}}(\overline{\Omega}) \end{cases}$$

2. les injections compactes:

Supposons que Ω est de plus borné et de class C^1, on a:

$$\begin{cases} 1 \leqslant p \leqslant N & \Rightarrow \quad W^{1,p}(\Omega) \hookrightarrow L^{r}(\Omega),\ r \in [1, p^*[\text{ avec } p^* = \dfrac{Np}{N-p} \\ p = N & \Rightarrow \quad W^{1,p}(\Omega) \hookrightarrow L^{r}(\Omega),\ r \in [1, +\infty[\\ p > N & \Rightarrow \quad W^{1,p}(\Omega) \hookrightarrow C^{0}(\overline{\Omega}) \end{cases}$$

Lemme 1 (Gronwall):

Soient $m, n \in L^1(0,T;R)$ telles que $m, n \geqslant 0$ p.p. sur $(0,T)$ et soit a un réel positif.

Soit aussi $\varphi:[0,T] \to R$ une fonction continue telle que:

$$\varphi(s) \leqslant a + \int_0^s m(t)\,\mathrm{d}t + \int_0^s n(t)\varphi(t)\,\mathrm{d}t, \forall s \in [0,T].$$

Alors

$$\varphi(s) \leqslant \left(a + \int_0^s m(t)\,\mathrm{d}t\right)\exp\left(\int_0^s n(t)\,\mathrm{d}t\right), \forall s \in [0,T].$$

Pour simplifier les notations, on pose:

$$V = H_0^1(\Omega),\ V' = H_0^1(\Omega)' = H^{-1}(\Omega),\ H = L^2(\Omega).$$

Lemme 2 (Mignot):

Soit $f: R \to R$ une fonction continue et croissante telle que:

$$\limsup_{|\lambda| \to +\infty} \left|\frac{f(\lambda)}{\lambda}\right| < +\infty$$

Soient $\omega \in L^2(0,T,H)$ telle que

$$\frac{\mathrm{d}\omega}{\mathrm{d}t} \in L^2(0,T,V') \text{ et } f(\omega) \in L^2(0,T,V)$$

Alors

$$\left\langle \frac{\mathrm{d}\omega}{\mathrm{d}t}, f(\omega) \right\rangle_{V',V} = \frac{\mathrm{d}}{\mathrm{d}t}\int_\Omega \left(\int_0^{\omega(\cdot,y)} f(r)\,\mathrm{d}r \right) \mathrm{d}y \text{ dans } D'(0,T),$$

et pour tout $0 \leqslant t_1 \leqslant t_2 \leqslant T$

$$\int_{t_1}^{t_2} \left\langle \frac{\mathrm{d}\omega}{\mathrm{d}t}, f(\omega) \right\rangle_{V',V} \mathrm{d}t = \int_\Omega \left(\int_{\omega(t_1,y)}^{\omega(t_2,y)} f(r)\,\mathrm{d}r \right) \mathrm{d}y.$$

1 Modélisation des aquifères

1.1 Quelques définitions

1.1.1 Définition d'un aquifère

Un aquifère est une formation souterraine de roches perméables susceptible de retenir des quantités importantes d'eau. Les aquifères existent sous différentes formes, suivant la nature de leurs limites on peut distinguer:

(1) **Aquifère à nappe libre:** c'est un aquifère dont le toit est consistué d'une couche perméable, qui se laisse traverser par l'eau à des vitesses raisonnables, il en résulte que cette limite (toit) supérieure, qu'on appelle aussi surface piézométrique, est soumise à des fluctuations libres: Il y a donc des échanges avec l'exterieur tels que les injections et l'alimentation en eaux pluviales ou tels que le pompage.

(2) **Aquifère à nappe captive:** C'est un aquifère constitué de formation hydrogéologique perméable limitée par deux couches imperméables: le toit et le substratum (ou la base).

(3) **Aquifère à nappe semi-captive:** C'est un aquifère dont le substratum et/ou le toit sont constitués de formations semi-perméables (c'est-à-dire de faible perméabilité, mais qui permettent sous des conditions hydrodynamiques favorables des échanges entre les formations hydrogélogiques superposées).

1.1.2 Définition de l'interface

On distingue plusieurs approches pour la zone de métange qui apparait entre la zone d'eau salée et celle d'eau douce.

Approche sans interface:

Cette approche consiste à considérer un modèle d'écoulement de deux fluids miscibles.

Approche avec interface diffuse:

Une approche logique physiquement consiste à supposer que l'eau douce et l'eau salée sont deux fluides miscibles et qu'il existe entre ces deux fluides une zone de transition qui n'est ni salée ni douce. Concernant l'interface entre le milieu saturé en eau et le milieu insaturé en eau, il est difficile de définir la zone de désaturation.

Cette approche est très lourde des points de vue théorique et numérique.

Approche d'interface nettes ou abruptes:

Les deux fluides sont alors considérés immiscibles, les deux zones sont alors séparées par une interface nette (ou abrupte). Cette approximation physique a fait ses preuves, donc peut paraître raisonnable. Elle est basée sur l'hypothèse qu'il n'y a pas de transfert de masse entre la zone d'eau douce et la zone d'eau salée (FIG.1.1).

On néglige les termes de pression capillaire mais le prix à payer du point de vue théorique est l'analyse des interfaces libres.

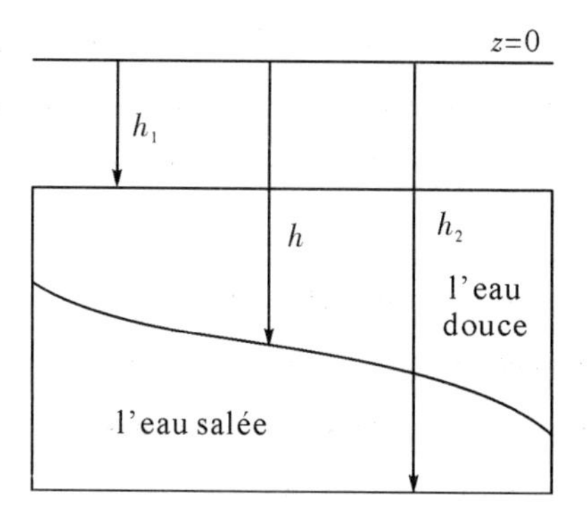

FIG.1.1 Nappe libre et nappe captive avec possibilité d'intrusion d'eau salée

1.1.3 Porosité totale et porosité efficace

Porosité totale : elle est donnée par

$$\Phi(\%)=\frac{\text{volume des vides}}{\text{volume tatal de l'chantillon}}$$

C'est la capacité du milieu poreux de comporter des vides interconnectés. Cette définition est peu utilisée en pratique, car un réservoir n'est jamais totalement dépourvu de son eau.

Porosité efficace : c'est un paramètre dépendant à la fois des diamètres des grains, de l'arrangement de ces derniers et de leurs surfaces spécifiques. Elle est donnée par le rapport du volume d'eau gravitaire (qui peut circuler) sur le volume total de la roche saturée en eau :

$$\Phi(\%)=\frac{\text{volume d'eau gravitaire}}{\text{volume total de l'chantillon}}$$

1.1.4 Hauteur piézométrique

La hauteur piézométrique (ou charge piézométrique) en un point A correspond à l'énergie potentielle par unité de poids de l'eau. Elle est définie par :

$$h_A=\frac{P_A}{\rho g}+z_A.$$

où z_A est la côte du point, P_A désigne la pression au point A, g est l'accélération de la pesanteur et ρ la densité de l'eau.

Remarque 1 :

Sur une colonne saturée, la hauteur piézométrique est la même. En effet :

$$h_A=\frac{p_A}{\rho g}+z_A=\frac{P_B+\rho g(z_B-z_A)}{\rho g}+z_A=h_B$$

1.1.5 Charge hydraulique

La charge hydraulique en un point A dans un fluide incompressible, correspond à l'énergie mécanique totale du fluide en ce point, elle est définie par :

$$\phi_A=\frac{P_A}{\rho g}+z_A+\frac{v^2}{2g},$$

où v est la vitesse réelle du fluide au point A.

Puisqu'en milieux poreux l'écoulement est généralement lent, on néglige souvent le terme cinétique $\frac{v^2}{2g}$, par conséquent la hauteur piézométrique et la charge hydraulique peuvent être confondues.

1.1.6 Coefficient d'emmagasinement

C'est le rapport du volume d'eau libéré ou emmagasiné par unité de surface de l'aquifère, sur la variation de charge hydraulique correspondante. Il est utilize pour caractériser plus précisément le volume d'eau exploitable, il conditionne l'emmagasinement de l'eau souterraine mobile dans les vides du réservoir. Pour une nappe captive ce coefficient est extrêmement faible: il représente essentiellement le degré de compression de l'eau. Pour une nappe libre, il est de l'ordre de grandeur de la porosité efficace.

Nous verrons que ce coefficient peut s'exprimer en fonction de la porosité, du coefficient de compressibilité du fluide, noté α_P, résultant de la variation de la densité du fluide par rapport à celle de la pression et du coefficient de compressibilité du sol, noté β_P dû à la variation de la pororisité par rapport à celle de la pression. Nous admettrons que α_P et β_P sont définis par:

$$\alpha_P = \frac{1}{\rho}\frac{\partial p}{\partial P} \tag{1.1}$$

et

$$\beta_p = \frac{1}{(1-\phi)}\frac{\partial \phi}{\partial P} \tag{1.2}$$

1.1.7 Coefficient d'emmagasinement spécifique

Il est donné en unité d'eau libérée ou emmagasinée par unité de volume d'aquifère en m 3 sous l'action d'une variation unitaire de charge hydraulique.

1.1.8 Conductivité hydraulique

Ce tenseur exprime l'aptitude du sol à transmettre de l'eau, il est défini par:

$$K=\frac{\kappa\rho g}{\mu} \qquad (1.3)$$

où

ρ est la masse volumique de l'eau,

g est l'accélération de la pesanteur,

μ est la viscosité dynamique de l'eau et

le tenseur κ est la perméablilité intrinsèque du milieu, il dépend uniquement des caractéristique du milieu poreux et non de celles du fluide.

1.2 Les différentes équations du modèle

Le modèle repose essentiellement sur le couplage de deux lois: la permière étant celle qui caracterise la vitesse d'écoulement d'un fluide en milieux poreux, la seconde étant celle qui exprime le principe de conservation de la masse.

1.2.1 Equation de Darcy

Découverte expérimentalement par Darcy en 1856, la loi de Darcy exprime la densité du flux d'un fluide newtonien ou vitesse de Darcy q à travers le milieux poreux, en fonction du gradient de charge hydraulique Φ:

$$q=-\frac{\kappa}{\mu}(\nabla P+\rho g\,\nabla z_h).$$

Cette équation peut aussi s'écrire à l'aide de la charge hydraulique:

$$q=-\frac{\kappa\rho_0 g}{\mu}\nabla\Phi-\frac{\kappa}{\mu}(\rho-\rho_0)g\,\nabla z_h, K=\frac{\kappa\rho_0 g}{\mu}. \qquad (1.4)$$

où P est la pression, ρ_0 est la densité de référence du fluide et z_h la hauteur du fluide, Φ est la charge hydraulique, définie précédemment et qu'on écrit comme suit:

$$\Phi=\frac{P}{\rho_0 g}+z_h. \qquad (1.5)$$

1.2.2 Equation de continuité

L'équation de continuité de l'écoulement en milieux poreux est basée sur le principe de conservation de masse et s'écrit:

$$\frac{\partial(\rho\phi)}{\partial t}=div(\rho q)=\rho Q. \tag{1.6}$$

1.3 Les différentes hypothèses pour notre problème

1.3.1 Hypothèse sur la compréssibilité du fluide

Les fluides que nous allons considérer sont connus pour être faiblement compressibles, i.e $\alpha_P \ll 1$.

Nous allons exploiter ce fait une première fois combiné à la faible mobilité d'un fluide en milieu poreux, pour simplifier l'équation de Darcy en:

$$q=-\frac{\kappa\rho_0 g}{\mu}\nabla\Phi.$$

Le fait que $\alpha_P \ll 1$ sera à nouveau exploité dans la modélisation du mouvement du fluide.

1.3.2 Hypothèse sur la compressibilité du sol

De façon analogue, nous allons supposer que le sol est faiblement compressible donc le coefficient de compressibilité β_P est petit (i. e $\beta_P \ll 1$).

1.3.3 Hypothèse sur l'écoulement

L'hypothèse de Bear consiste à négliger la variation de densité $\nabla(\rho g) \ll 1$ dans la direction de l'écoulement.

Le fait de négliger $\nabla(\rho q)$ découle de la faible compressibilité du fluide ($\alpha_P \ll 1$) et de la faible mobilité du fluide.

En prenant en considération cette hypothèse, l'équation (1.6) devient:

$$\rho\frac{\partial\phi}{\partial t}+\phi\frac{\partial\rho}{\partial t}+\rho\nabla\cdot q=pQ, \tag{1.7}$$

Par ailleurs, d'après les définitions de α_P(1.1) et β_P(1.2), nous avons:

$$\frac{\partial\rho}{\partial t}=\rho\alpha_p\frac{\partial P}{\partial t},\frac{\partial\phi}{\partial t}=(1-\phi)\beta_p\frac{\partial P}{\partial t}.$$

Soit, aprés substitution dans (1.7)

$$\rho((1-\phi)\beta_p+\phi\alpha_p)\frac{\partial P}{\partial t}+\rho\ \nabla q=\rho Q$$

puisque

$$q=-\frac{K}{\mu}\nabla\Phi \text{ et } P=\rho_0 g\Phi-\rho_0 g z_h$$

on obtient après simplifications ($\rho\neq 0$), l'équation:

$$\rho_0 g((1-\phi)\beta_P+\phi\alpha_P)\frac{\partial\Phi}{\partial t}-\nabla\cdot(K\,\nabla\Phi)=Q \tag{1.8}$$

où $S_0=\rho_0 g((1-\phi)\beta_P+\phi\alpha_P)$ est le coefficient d'emmagasinement en eau du sol.

1.3.4 Hypothèse d'interface nette

Le modèle d'interface abrupte consiste à supposer que l'eau salée et l'eau douce sont immiscibles et que donc les zones occupées par chaque fluide sont séparées par une interface **abrupte**.

Cette interface est en réalité une zone de transition (car ces deux fluides sont en fait miscibles), mais dans le modèle, on suppose que l'épaisseur de cette zone est très petite comparée aux dimensions horizontales de l'aquifère.

Dans chaque domaine, nous avons une équation de conservation de la masse simplifiée du type (1.8) pour l'eau salée et pour l'eau douce.

Ainsi dans le domaine de l'eau douce, nous avons:

$$S_f\frac{\partial\Phi f}{\partial t}+\nabla\cdot q_f=Q_f \tag{1.9}$$

et dans le domaine de l'eau de mer, nous avons:

$$S_s\frac{\partial\Phi_s}{\partial t}+\nabla\cdot q_s=Q_s, \tag{1.10}$$

où S_f(resp. S_s) est le coefficient d'emmagasinement en eau dans le domaine d'eau douce (resp. dans le domaine salé), ρ_f,ρ_s sont les densités de référence de l'eau douce et celle de l'eau salée, Φ_f,Φ_s sont les charges hydrauliques dans la zone d'eau douce et dans la zone salée, q_f,q_s sont les flux de Darcy dans la zone d'eau douce et dans celle d'eau salée et enfin Q_f,Q_s sont des termes sources.

On rappelle que:

$$S_f=\rho_f g((1-\phi)\beta_P+\phi\alpha_P),q_f=-K_f\mathrm{grad}(\Phi_f),K_f=\frac{\kappa g\rho_f}{\mu_f},$$

$$S_s=\rho_s g((1-\phi)\beta_P+\phi\alpha_P),q_s=-K_s\mathrm{grad}(\Phi_s),K_s=\frac{\kappa g\rho_s}{\mu_s}.$$

1.3.5 Approche hydraulique

L'écoulement dans un milieu poreux est en général tridimensionnel. Cependant, puisque les épaisseurs de la plupart des aquifères sont relativement petites devant leurs dimentions horizontales, on suppose que l'écoulement se fait de manière horizontale. Autrement dit les composantes verticales de celui ci sont négligées. Dans un aquifère captif, homogène, isotrope et d'épaisseur constante, cette approximation est exacte. Toutefois, elle reste bonne quand les variations de l'épaisseur sont plus petites que l'épaisseur moyenne de l'aquifère.

Dans les aquifères libres, cette approximation est basée sur le fait que les surfaces équipotentielles sont verticales et l'écoulement est essentiellement horizontal.

Dans ce travail, on adopte cette approximation nommée: Approche hydraulique ou Approximation de Dupuit. Cette hypothèse permet de remplacer les équations 3D d'origine par des équations moyennées verticalement. Cela permet de passer d'un problème tri-dimensionnel à un problème bi-dimensionnel.

1.4 Dérivation des équations 2D

Les équations (1.8) et (1.9) sont écrites dans l'espace tridimensionnel, avec une condition aux limites non linéaire à l'interface, la solution reste difficle à obtenir. Le problème peut être simplifié par une intégration des équations d'écoulement selon la direction verticale en supposant que l'écoulement est horizontal à l'intérieur de l'aquifère. Une dérivation formelle du modèle 2D peut aussi être obtenue à partir du développement asymptotique des équations du modèle 3D re-scalées, mais on a choisi ici de suivre la présentation de Bear pour l'obtention du modèle 2D.

L'aquifère est représenté par un domaine $\Omega\times(h_2,h_{\max}),\Omega\in\mathbb{R}^2$.

1.4.1 Choix des inconnues

Les fonctions h_2 (resp, h_{max}) décrivent sa topographie inférieure (resp. supérieure).

Pour des raisons de simplicité, on suppose que $h_{max} = constante = 0$.

Zone sèche Γ_T:

On suppose qu'entre $z = h_1$ et Γ_T, la pression est donnée égale à la pression atmosphérique P_a.

Si $h_1 < h_{max}$, on impose l'équilibre des pressions $P_{f|z=h_1} = P_a$ et donc:

$$\Phi_{f|z=h_1} = \Phi_f = \frac{P_a}{\rho_f g} + h_1.$$

Si $h_1 = h_{max}$, on impose l'équilibre des pressions $P_{f|z=h_{max}} = P_a$, donc:

$$\Phi_{f|z=h_{max}} = \Phi_f = \frac{P_a}{\rho_f g} + h_{max}.$$

Dans toute la suite, pour simplifier, nous supposerons que $h_{max} = 0$.

Cela va avoir une conséquence sur le choix des inconnues dans notre modèle, en effet on a vu que:

$$\text{si } h_1 < h_{max} \Rightarrow \Phi_f = \frac{P_a}{\rho_f g} + h_1,$$

$$\text{si } h_1 = h_{max} = 0 \Rightarrow \Phi_f = \frac{P_a}{\rho_f g}.$$

donc la bonne inconnue est $h_1^- = \inf(0, h_1)$, et

$$\Phi_f = \frac{P_a}{\rho_f g} + \inf(0, h_1) = \frac{P_a}{\rho_f g} + \chi_0(-h_1) h_1.$$

$$\text{avec } \chi_0(h) = \begin{cases} 0 & \text{si} \quad h \leqslant 0 \\ 1 & \text{si} \quad h > 0. \end{cases}$$

Le même raisonnement s'applique à la hauteur d'eau salée, d'où l'introduction de l'inconnue $h^- = \inf(0, h)$.

1.4.2 Termes sources

Nous harmonisons les termes sources pour que les équations décrivant l'évolution de h et h_1 soient identiques lorsque $h=h_1$.

Cela implique: $\widetilde{Q}_f = 0$ si $h = h_1$ i.e qu'on arrête de pomper lorsqu'on atteint l'eau salée.

Nous prenons donc un terme source de la forme:

$$Q_f=\widetilde{Q}_f(h-h_1)^+, \widetilde{Q}_f \in \mathbb{R}.$$

De même, en supposant h_2 constante (pour simplifier) et en écrivant l'équation satisfaité par h pour $h=h_2$, on voit qu'il faut imposer $Q_s=0$ si $h=h_2$. On choisit donc Q_s de la forme:

$$Q_s=\widetilde{Q}_s(h_2-h)^+, \widetilde{Q}_s \in \mathbb{R}.$$

1.4.3 Intégration dans le domaine d'eau douce

En intégrant l'équation (1.9) selon la verticale entre la côte de l'interface h et celle du toit de l'aquifère h_1, on obtient:

$$S_f B_f \frac{\partial \overline{\Phi}_f}{\partial t} = \nabla \cdot (B_f \overline{K}_f \nabla \overline{\Phi}_f) - q_{f|h_1} \cdot \nabla(z-h_1) + q_{f|h} \cdot \nabla(z-h). \quad (1.11)$$

où

$B_f=h_1-h$ est l'épaisseur de la zone d'eau douce,

$\overline{\Phi}_f = \frac{1}{B_f}\int_h^{h_1} \Phi_f dz$ la moyenne de Φ_f sur la verticale et

$\overline{K}_f = \frac{1}{B_f}\int_{h_2}^{h} K_f dz$ est la moyenne de chaque élément du tenseur K_f sur la verticale.

1.4.4 Intégration dans le domaine d'eau salée

De même en intégrant l'équation (1.10) selon la verticale, mais cette fois-ci entre la côte du substratum h_2 et celle de l'interface h, on obtient l'équation:

$$S_s B_s \frac{\partial \overline{\Phi}_s}{\partial t} = \nabla \cdot (B_s \overline{K}_f \nabla \overline{\Phi}_s) - q_{s|h} \cdot \nabla(z-h) + q_{s|h_2} \cdot \nabla(z-h_2). \quad (1.12)$$

où

$B_s=h-h_2$ est l'épaisseur de la zone d'eau salée,

$\overline{\Phi}_s = \frac{1}{B_s}\int_{h_2}^{h} \Phi_s dz$ est la moyenne de Φ_s sur la verticale et

$\overline{K}_s = \dfrac{1}{B_s}\int_{h_2}^{h} K_s dz$ est la moyenne de chaque élément du tenseur K_s sur la verticale.

Dorénavant on note $\overline{\Phi}_f = \Phi_f$ et $\overline{\Phi}_s = \Phi_s$, de même pour les tenseurs K_f et K_s.

1.5 Equations de continuité à l'interface

1.5.1 Continuité de la pression à l'interface z = h

On asuppose Φ_f constant par rapport à z entre h et $\inf(h_1, 0)$, on a donc:

$$\Phi_f = \frac{P_a}{\rho_f g} + \inf(0, h_1) \ : \ = \frac{P_a}{\rho_f g} + h_1$$

Or on a l'hypothèse de continuité de la pression entre la couche d'eau claire et la couche au-dessus de l'interface libre h_1:

$$\Phi_{f\,|\,z=\inf(0,h_1)} = \Phi_{f\,|\,z=h} \Leftrightarrow \frac{P_a}{\rho_f g} + h_1 = \frac{P_{f\,|\,z=h}}{\rho_f g} + h$$

$$\Leftrightarrow P_{f\,|\,z=h} = P_a + \rho_f g(h_1 - h)$$

Par ailleurs comme on a supposé la continuité de la pression au travers de l'interface h, on a:

$$P_{f\,|\,z=h} = P_{s\,|\,z=h} = \rho_s g(\Phi_s - h) \Leftrightarrow P_a + \rho_f g(h_1 - h) = \rho_s g(\Phi_s - h)$$

$$\Leftrightarrow \rho_s g(\Phi_s - h) = P_a + \rho_f g(h_1 - h)$$

$$\Leftrightarrow \rho_s \Phi_s = \frac{P_a}{g} + \rho_f(h_1 - h) + \rho_s h$$

$$\Leftrightarrow \frac{\rho_s}{\rho_f}\Phi_s = \frac{P_a}{\rho_f g} + (h_1 - h) + \frac{\rho_s}{\rho_f} h$$

$$\Leftrightarrow (1+\alpha)\Phi s = \frac{P_a}{\rho_f g} + (h_1 - h) + (1+\alpha) h$$

$$\Leftrightarrow (1+\alpha)\Phi_s = \frac{P_a}{\rho_f g} + h_1 + \alpha h. \tag{1.13}$$

avec $(1+\alpha) = \dfrac{\rho_s}{\rho_f}$.

Pour simplifier comme P_a et α sont constants, on a:

$$P_{f|z=h}=P_{s|z=h}\Rightarrow(1+\alpha)\nabla\Phi_s=\nabla h_1+\alpha\nabla h$$
$$\Rightarrow(1+\alpha)\nabla\Phi_s=\chi_0(-h_1)\nabla h_1+\alpha\nabla h$$

1.5.2 Continuité de la viscosité à l'interface z = h

Nous allons aussi supposer que notre milieu est homogène et isotrope et que les viscosités de l'eau douce et de l'eau salée sont identiques, on a:

$$\overline{K}_{f,x}=\overline{K}_{f,y}=K_f \text{ et } \overline{K}_{s,x}=\overline{K}_{s,y}=K_s,$$

or

$$K_f=\frac{\kappa\rho_f g}{\mu_f}\Leftrightarrow\mu_f=\frac{\kappa\rho_f g}{K_f}$$

$$K_s=\frac{\kappa\rho_s g}{\mu_s}\Leftrightarrow\mu_s=\frac{\kappa\rho_s g}{K_s}$$

donc

$$\mu_f=\mu_s\Leftrightarrow\frac{\kappa\rho_f g}{K_f}=\frac{\kappa\rho_s g}{K_s}$$

$$\Leftrightarrow\frac{K_s}{\rho_s}=\frac{K_f}{\rho_f}$$

$$\Leftrightarrow K_s=\frac{\rho_s}{\rho_f}K_f$$

$$\Leftrightarrow K_s=(1+\alpha)K_f \text{ avec}(1+\alpha)=\frac{\rho_s}{\rho_f}$$

A partir de maintenant, on notera K pour K_f.

1.5.3 Continuités des composantes normales de la vitesse aux interfaces

Les équations (1.11) et (1.12) modélisent respectivement l'écoulement dans le domaine de l'eau douce et l'écoulement dans le domaine de l'eau salée.

A ce stade de la modélisation, nous proposons deux approches:

- celle des interfaces nettes entre l' eau douce et l'eau salée et la zone saturée et la zone insaturée;

- celle des interfaces faiblement diffuses entre l'eau douce et l'eau salée et la zone saturée et la zone insaturée.

1. Calcul du flux $q_{f|h}\nabla(z-h)$ dans le cas d'une interface nette

L'interface mobile est une surface matérielle qui peut être représentée par une équation de la forme générale:

$$F(x,y,z,t)=0$$

ou encore,

$$F(x,y,z,t)\equiv z-h(x,y,t)=0$$

Le long de cette interface, il faut respecter les deux conditions:

– les composantes normales de la vitesse à l'interface sont égales dans chaque zone ce qui correspond au fait que l'on suppose aucun transfert de masse au travers de l'interface. Ainsi on a:

$$\phi\frac{\mathrm{d}F}{\mathrm{d}t}=\phi\frac{\partial F}{\partial t}+q_f\cdot\nabla F=\phi\frac{\partial F}{\partial t}+q_s\cdot\nabla F, \tag{1.14}$$

– les pressions dans chaque zone sont égales à l'interface z = h et la relation (1.13) s'écrit aussi $h=\frac{\rho_s}{\rho_s-\rho_f}\Phi_s-\frac{\rho_f}{\rho_s-\rho_f}\Phi_f=\left(1+\frac{1}{\alpha}\right)\Phi_s-\frac{1}{\alpha}\Phi_f$.

Compte tenu de (1.13) et (1.14), nous obtenons:

$$\begin{cases} q_{f|h}\cdot\nabla(z-h)=\phi\dfrac{\partial h}{\partial t}=\phi(1-\delta)\dfrac{\partial\Phi_s}{\partial t}-\phi\delta\dfrac{\partial\Phi_f}{\partial t}, \\ q_{s|h}\cdot\nabla(z-h)=\phi\dfrac{\partial h}{\partial t}=\phi(1-\delta)\dfrac{\partial\Phi_s}{\partial t}-\phi\delta\dfrac{\partial\Phi_f}{\partial t}, \end{cases}$$

avec $\alpha=\frac{\rho_s-\rho_f}{\rho_f}$.

2. Calcul du flux $q_{f|_{z=h}}\cdot\nabla(z-h)$ dans le cas d'une interface faiblement diffuse

Nous incluons à présent dans notre modèle l'existence de deux interfaces diffuses: l'une d'épaisseur δ_1 entre la zone saturée et la zone insaturée et l'autre d'épaisseur δ_h entre la zone d'eau salée et la zone d'eau douce. Ce modèle a été initialement introduit par C. Choquet et al. et nous reprenons ici intégralement la présentation du calcul du flux donné dans cet article. Nous soulignons que ce modèle est complètement nouveau par rapport à la littérature existante et qu'il concilie la simplicité des modèles à interface nette avec le réalisme des modèles à interface diffuse.

Nous introduisons une fonction de phase F décrivant les 3 zones (eau douce, eau salée, mélange) telle que:

$$F=\begin{cases} 0 & \text{dans l'eau douce,} \\ \dfrac{c_s}{2} & \text{sur l'interface nette,} \\ c_s & \text{dans l'eau sale.} \end{cases}$$

où c_s est la concentration moyenne en sel dans la zone salée.

Ainsi l'ensemble $\left\{(x,y,z)\ tels\ que\ F(x,y,z)=\dfrac{c_s}{2}\right\}$ représente l'interface nette à l'instant t.

La fonction F satisfait une équation de type **Allen-Cahn** tristable (les trois points de stabilités sont ici $0, \dfrac{c_s}{2}$ et c_s) :

$$\partial_t F+v\nabla F-\delta_h\Delta'\frac{F\left(F-\dfrac{c_s}{2}\right)(F-c_s)(3F^2-c_s^2/4)}{\delta_h}=0 \tag{1.15}$$

où le symbole Δ' correspond à la dérivation par rapport aux deux variables x et y. La forme détaillée du potentiel triple n'a pas d'importance ; son rôle principal est d'établir et de maintenir les parois du domaine bien définies. La taille caractéristique de l'interface diffuse correspondante est $\delta_h>0$. Le paramètre δ_h est petit. Un autre point en faveur du couplage de (1.15) avec l'approche interface nette est la convergence quand $\delta_h\to 0$ du modèle champ de phase vers celui avec interface nette. L'équation satisfaite par le champ de phase (1.15) contient également un terme d'advection par le fluide de l'ordre du paramètre, la vitesse efficace étant désignée par v.

Nous soulignons, par ailleurs, que nous avons déjà négligé la diffusion verticale par rapport au terme convectif. Le passage de 3D à 2D suppose que la zone de stabilité $\left\{F=\dfrac{c_s}{2}\right\}$ correspond à l'interface nette z = h, on a donc :

$$F(x,y,z,t)=\frac{c_s}{2}\Leftrightarrow z-h(x,y,t)=0$$

La dérivée de la fonction constante $F(x,h^-(x,t)t)=\dfrac{c_s}{2}$ est nulle, nous déduisons de $\partial_l[F(x,h^-(x,t)t,)]=0, l=x,t$ que $\partial_t F(x,h^-,t)=-\partial_z F(x,h^-,t)\partial_t h^-$

et $\nabla' F(x,h^-,t) = -\partial_z F(x,h^-,t)\nabla' h^-$. Dérivant une nouvelle fois ces expres-sions, nous obtenons finalement que

$$\Delta' F(x,h^-,t) = -\partial_z F(x,h^-,t)\Delta' h - \partial_{zz}^2 F(x,h^-,t)\,|\nabla' h^-|^2 - \nabla'\partial_z F(x,h^-,t).\nabla' h^-.$$

En incluant ces calculs dans la projection de l'équation de Allen-Cahn pour $F = \frac{c_s}{2}$, nous obtenons:

$$\partial_z F(-\partial_t h + \vec{v}\cdot\nabla(z-h) - \delta_h \Delta h) + \delta_h \nabla'\partial_z F \cdot \nabla' h^- + \delta_h |\nabla' h^-|^2 \partial_{zz}^2 F = 0 \quad (1.16)$$

En négligeant les deux derniers termes de l'équation (1.16) et en simplifiant par $\partial_z F \neq 0$, nous obtenons:

$$-\partial_t h + \vec{v}\cdot\nabla(z-h) - \delta_h \Delta h = 0 \quad (1.17)$$

On revient alors à l'hypothèse traditionnelle de la modélisation à interface nette: pas de transfert de masse au travers de l'interface $\left\{F = \frac{c_s}{2}\right\}$ i.e les composantes normales de la vitesse sont continues et on a:

$$\left(\frac{q_f}{\phi} - \vec{v}\right)\cdot\vec{n} = \left(\frac{q_s}{\phi} - \vec{v}\right)\cdot\vec{n} = 0. \quad (1.18)$$

On a noté $\vec{n}$ le vecteur normal unitaire par rapport à l'interface nette, $\vec{v}$ est la vitesse moyenne réelle de l'interface.

Remarque: La pondération par $\frac{1}{\phi}$ provient de la définition de la vitesse moyenne réelle:

$$v = \frac{Q}{S_v} = \frac{Q}{\phi S} = \frac{1}{\phi}\frac{Q}{S} = \frac{q_f}{\phi} \text{ avec } q_f = \frac{Q}{S} \text{ et } \phi = \frac{S_v}{S}.$$

avec Q le débit s'écoulant dans la section, S la surface de la section, q_f la vitesse fictive de filtration, S_v la surface du vide dans le milieu poreux.

En combinant (1.17) et (1.18) nous obtenons:

$$q_f(h)\cdot\nabla(z-h) = q_s(h)\cdot\nabla(z-h) = \phi\left[\frac{\partial h}{\partial t} - \delta_h \Delta h\right]$$

$$= \phi\left[\chi_0(-h)\frac{\partial h}{\partial t} - \delta_h \operatorname{div}(\chi_0(-h)\nabla h)\right].$$

3. **Calcul du flux $q_{f|z=h_1} \cdot \nabla(z-h_1)$ dans le cas d'une interface faiblement diffuse**

Nous appliquons le même type de raisonnement que dans le cas précédent pour décrire la zone de transition entre la zone saturée et la zone insaturée d'épaisseur δ_1.

Ici pour modéliser la dynamique de cette interface, nous introduisons une fonction de phase F telle que:

$$\begin{cases} -1 & \text{dans} \quad \textit{la zone insature}, \\ 0 & \text{sur} \quad \textit{l'interface nette} \\ 1 & \text{dans} \quad \textit{la zone sature.} \end{cases}$$

Ainsi $\{F(x,y,z,t)=0\}$ représente l'interface nette. La fonction F satisfait une équation de type **Allen-Cahn**:

$$\frac{\partial F}{\partial t}+v \cdot \nabla F-\delta_1 \Delta F+\frac{F(F-1)(F+1)}{\delta_1}=0$$

où v est la vitesse de l'interface et δ_1 est l'épaisseur de la zone diffuse entre la zone saturée et la zone sèche. Nous notons que le passage de 3D à 2D suppose que la sone de transition $\{F=0\}$ correspond à l'interface nette h_1, on a donc:

$$F(x,y,z,t)=0 \Leftrightarrow z-h_1(x,y,t)=0$$

et la projection d'Allen-Cahn pour F = 0 donne:

$$\frac{-\partial h_1}{\partial t}+v\nabla(z-h_1)-\delta_1 \Delta h_1=0. \tag{1.19}$$

En combinant (1.19) et la continuité des composantes normales de la vitesse à l'interface $z=h_1$ nous obtenons:

$$q_f(h_1) \cdot \nabla(z-h_1)=\phi\left[\frac{\partial h_1}{\partial t}-\delta_1 \Delta h_1\right]=\phi\left[\chi_0(-h_1)\frac{\partial h_1}{\partial t}-\delta_1 \nabla(\chi_0(-h_1)\nabla h_1)\right].$$

4. **Calcul du flux $q_{f|_{z=h}} \cdot \nabla(z-h_1)$ dans le cas d'un aquifère confiné**

Dans le cas où on suppose que la couche supérieure de l'aquifère est imperméable i.e pas de flux entre la zone d'eau douce et le toit $z=h_1$, on a:

$$q_s(h_1)\nabla(z-h_1)=0. \tag{1.20}$$

5. **Calcul du flux $q_s(h_2) \cdot \nabla(z-h_2)$**

Dans le cas où on suppose que la couche inférieure de l'aquifère est imperméable i.e pas de flux entre la zone salée et le fond $z=h_2$, on a:

$$q_s(h_2)\nabla(z-h_2)=0. \tag{1.21}$$

Nous insistons sur le fait que, puisque nous avons supposé l'écoulement quasi-horizontal, la condition (1.21) impose des conditions sur la topographie $(x,y)\to h_2(x,y)$. Par exemple si le tenseur de perméabilité K_s est diagonal, on doit avoir $h_2=$ *constante*. Pour garder le maximum de généralités sur le tenseur K_s, il faudrait considérer la function h_2 variable.

Mais, pour simplifier les démonstrations qui vont suivre, nous avons suppose $h_2=$ *constante*. Nous insistons néanmoins sur le fait que les démonstrations se généralisent de manière automatique au cas $h_2=h_2(x,y)$.

1.6 Présensation finale des modèles

Nous sommes à présent en mesure de donner les systèmes vérifiés par les modèles dans les 4 cas suivants:

- Cas de l'aquifère confiné avec l'approche de l'interface nette,
- Cas de l'aquifère confiné avec l'approche de l'interface diffuse,
- Cas de l'aquifère libre avec l'approche de l'interface nette,
- Cas de l'aquifère libre avec l'approche de l'interface diffuse.

1.6.1 Cas d'un aquifère confiné

Les inconnues naturelles étant la charge hydraulique de l'eau douce Φ_f et la profondeur de l'interface eau salée/eau douce, h, nous allons ré-écrire les systèmes avec (Φ_f,h).

Compte tenu de l'étude précédente, nos modèles sont régis par les systèmes suivants où (Φ_f,Φ_s) sont les inconnues:

Approche Interface nette:

$$\begin{cases}-\phi\dfrac{\partial h}{\partial t}-\nabla\cdot(K(x)B_f(\Phi_f,\Phi_s)\nabla\Phi_f)=Q_f,\text{sur }\Omega,\\ \phi\dfrac{\partial h}{\partial t}-\nabla\cdot((1+\alpha)K(x)B_s(\Phi_f,\Phi_s)\nabla\Phi_s)=Q_s,\text{sur }\Omega,\\ B_f(\Phi_f,\Phi_s)=h_1-h,\\ B_s(\Phi_f,\Phi_s)=h-h_2,\\ h=(1+\delta)\ \Phi_s-\delta\Phi_f.\end{cases}\qquad(1.22)$$

Approche Interface diffuse:

$$\begin{cases} -\phi \dfrac{\partial h}{\partial t} - \nabla \cdot (KB_f(\Phi_f, \Phi_s)\nabla\Phi_f) - \delta_h \nabla(\phi \nabla h) = Q_f, \text{sur } \Omega, \\ \phi \dfrac{\partial h}{\partial t} - \nabla \cdot ((1+\alpha)KB_s(\Phi_f, \Phi_s)\nabla\Phi_s) = Q_s, \text{sur } \Omega, \\ B_f(\Phi_f, \Phi_s) = h_1 - h, \\ B_s(\Phi_f, \Phi_s) = h - h_2, \\ h = (1+\delta)\ \Phi_s - \delta\Phi_f. \end{cases}$$

Ces systèmes peuvent être ré-écrits sous une forme compacte si nous prenons la charge hydraulique de l'eau douce et la profondeur de l'interface comme inconnues. En effet, on a:

$$\Phi_s = \frac{\rho_f}{\rho_s}\Phi_f + \frac{(\rho_s - \rho_f)}{\rho_s}h = \frac{1}{1+\alpha}\Phi_f + \frac{\alpha}{1+\alpha}h.$$

Donc,

$$-\phi \frac{\partial h}{\partial t} - \nabla \cdot (K(h_1 - h)\nabla\Phi_f) - \delta_h \nabla \cdot (\phi \nabla h) = Q_f,$$

et

$$\phi \frac{\partial h}{\partial t} - \nabla \cdot (\alpha K(h - h_2)\nabla h) + \nabla \cdot (K(h_1 - h)\nabla\Phi_f) - \nabla \cdot (K(h_1 - h_2)\nabla\Phi_f) = Q_s.$$

En sommant ces deux équations on obtient:

$$-\nabla \cdot (K(h_1 - h_2)\nabla\Phi_f) - \nabla \cdot (\alpha K(h - h_2)\nabla h) - \delta_h \nabla \cdot (\phi \nabla h) = Q_f + Q_s.$$

Finalement, dans le cas d'un aquifère confiné, le modèle consiste en un système fortement couplé d'une équation elliptique et d'une équation parabolique toutes deux quasi-linéaires décrivant l'évolution de l'élévation de l'interface h entre la zone d'eau douce et celle d'eau salée et de la charge hydraulique de l'eau douce.

Cas Interface nette:

$$(1)\begin{cases} \phi \dfrac{\partial h}{\partial t} + \nabla \cdot (K(h_2 - h)\nabla\Phi_f - \nabla \cdot (\alpha K(h_2 - h)\nabla h) = -Q_s \\ -\nabla \cdot (K(h_2 - h_1)\nabla\Phi_f) + \nabla \cdot (\alpha K(h_2 - h)\nabla h) = Q_f + Q_s \end{cases}$$

Nous soulignons que l'équation parabolique peut dégénérer lorsque $h = h_2$(ce qui correspond à la situation, où il n'y a pas d'eau salée dans l'aquifère).

Cas Interface diffuse :

Dans ce cas, le système consiste en un système fortement couplé d'une équation elliptique et d'une équation parabolique quasi-linéaire. Mais, dû à la présence de l'interface diffuse d'épaisseur δ_h, l'équation parabolique n'est plus dégénérée.

$$(2)\begin{cases}\phi \dfrac{\partial h}{\partial t}+\nabla \cdot (K(h_2-h)\nabla\Phi_f-\nabla \cdot (\alpha K(h_2-h)\nabla h)-\delta_h\nabla \cdot (\phi \nabla h)=-Q_s \\ -\nabla \cdot (K(h_2-h_1)\nabla\Phi_f)+\nabla \cdot (\alpha K(h_2-h)\nabla h)-\delta_h\nabla \cdot (\phi \nabla h)=Q_f+Q_s\end{cases}$$

Les surfaces supérieure et inférieure de l'aquifère sont imperméables, i.e. h_1 et h_2 sont des fonctions indépendantes du temps, mais elles peuvent dépendre de x et y.

1.6.2 Cas d'un aquifère libre

Les inconnues naturelles correspondant au cas de la nappe libre, sont les hauteurs des deux interfaces h_1 et h, précisèment, ains que nous l'avons détaillé à la section 1.4.1, les bonnes inconnues sont $h_1^-=\chi_0(-h_1)h_1$ et $h^-=\chi_0(-h)h$.

Nous introduisons le paramètre ζ tel que $\zeta=1$ correspondе à l'approche avec interfaces diffuses et $\zeta=0$ corresponde à l'approche avec interfaces nettes.

En inversant le sens positif de l'axe vertical et en maintenant le coefficient d'emmagasinement, notre modèle devient :

$$(3)\begin{cases}\phi\chi_0(h)\partial_t h-\nabla \cdot (\alpha K(h_2-h)\chi_0(h_1)\nabla h)-\nabla \cdot (\zeta\,\delta\,\phi\chi_0(h)\nabla h) \\ -\nabla \cdot (K\chi_0(h_1)(h_2-h)\nabla h_1)=-Q_s(h_2-h)^+, \\ \\ \chi_0(h_1)(S_f(h-h_1)+\phi)\partial_t h_1 \\ -\nabla \cdot (K\chi_0(h_1)(h-h_1)+(h_2-h))\nabla h_1)-\nabla \cdot (\zeta\,\delta\,\phi\chi_0(h_1)\nabla h_1) \\ -\nabla \cdot (K\alpha(h_2-h)\chi_0(h_1)\chi_0(h)\nabla h)=-Q_f(h-h_1)^+-Q_s(h_2-h)^+.\end{cases}$$

Dans le cas où on néglige le coefficient d'emmagasinement dans le domaine d'eau douce i.e la zone d'eau salée est confinée ce qui conrespond à $S_f\dfrac{\partial\phi_f}{\partial t}\ll\phi\dfrac{\partial h}{\partial t}$, on a le système suivant :

$$
(4)\begin{cases}
\phi\chi_0(h)\partial_t h-\nabla\cdot(\alpha K_f(h_2-h)\chi_0(h_1)\nabla h)-\nabla\cdot(\zeta\,\delta\,\phi\chi_0(h)\nabla h)\\
-\nabla\cdot(K\chi_0(h_1)(h_2-h)\nabla h_1)=-Q_s(h_2-h)^+,\\
\\
\chi_0(h_1)\phi\partial_t h_1-\nabla\cdot(K\chi_0(h_1)((h-h_1)+(h_2-h))\nabla h_1)\\
-\nabla\cdot(\zeta\,\delta\,\phi\chi_0(h_1)\nabla h_1)-\nabla\cdot(K\alpha(h_2-h)\chi_0(h_1)\chi_0(h)\nabla h)\\
=-Q_f(h-h_1)^+-Q_s(h_2-h)^+.
\end{cases}
$$

Dans les deux systèmes précédents, la première équation modélise la conservation de masse totale d'eau, tandis que la seconde modélise la conservation de la masse d'eau douce. Il s'agit d'un modèle 2D, la troisième dimension est préservée au cours du processus d'up-scaling via les termes de surface h et h_1.

1.6.3 Conditions aux limites et Conditions initiales

Les problèmes (1)-(2) et (3)-(4) sont complétés par les conditions aux bords et conditions initiales suivantes:

$$h=h_D \text{ et } h_1=h_{1,D} \text{ sur } \Gamma=\partial\Omega,$$

$$h(0,x)=h_0(x),\text{et } h_1(0,x)=h_{1,0}(x) \text{ dans } \Omega.$$

Les fonctions $h_D, h_{1,D}$ appartiennent à l'espace $L^2(0,T,H^1(\Omega))$ telles que leurs dérivées en temps $\partial_t h_D$, $\partial_t h_{1,D}$ appartiennent à l'espace $L^2(0,T,H^1(\Omega)')$ où $[H^1(\Omega)]'$ est le dual de $H^1(\Omega)$.

Les fonctions $h_0, h_{1,0}\in H^1(\Omega)$ satisfont les conditions de compatibilité;

$$h_{0\mid\Gamma}=h_D(0,x),h_{1,0\mid\Gamma}=h_{1,D}(0,x).$$

Nous supposons que les conditions aux bords et initiales satisfont aussi des conditions physiquement réalistes sur la hiérarchie des interfaces:

$$h_{1,D}\leqslant h_D\leqslant h_2 \text{ et } h_{1,0}\leqslant h_0\leqslant h_2 \text{ p. p dans } \Omega.$$

Par ailleurs, on suppose que les termes sources $Q_f=\widetilde{Q}_f(h-h_1)^+, Q_s=\widetilde{Q}_s(h_2-h)^+$ sont des fonctions de $L^2(0,T,L^2(\Omega))$ telles que $\widetilde{Q}_f\leqslant 0$ et $\widetilde{Q}_s\leqslant 0$, ces cernièrres conditions sur les signes des termes sources pourront être affaiblies selon les cas.

On suppose aussi que la conductivité hydraulique K vérifie une condition d'ellipticité et est bornée et définie positive uniformément sur le domaine Ω.

1. 6. 4 Présence d'une rivière

On note Γ_r la partie de la frontière correspondant à la rivière.

Supposons la présence d'une rivière au dessus de l'aquifère, à l'équilibre hydrodynamique, on a:

$$P_{r\,|\,z=h_{\max}}=P_a+\rho_f g(0-h_{\max})$$

$A(x,y)$ fixé, c'est donc $P_{r\,|\,z=h_{\max}}=P_a-\rho_f g h_{\max}(x,y)$ qui va remplacer la pression P_a.

La condition au bord classique à l'interface d'un aquifère et d'un réservoir d'eau est la continuité de Φ_f et cela donne:

$$\Phi_{f\,|\,z=h_{\max}\cap\Gamma_r}=\Phi_{\text{riviere}}$$

$$\Leftrightarrow\Phi_{r\,|\,z=h_{\max}\cap\Gamma_r}=\frac{P_{r\,|\,z=h_{\max}}}{\rho_f g}+h_{\max}$$

$$\Leftrightarrow\Phi_{r\,|\,z=h_{\max}\cap\Gamma_r}=\frac{P_a-\rho_f g h_{\max}(x,y)}{\rho_f g}+h_{\max}$$

$$\Leftrightarrow\Phi_{r\,|\,z=h_{\max}\cap\Gamma_r}=\frac{P_a}{\rho_f g}-h_{\max}+h_{\max}$$

$$\Leftrightarrow\Phi_{r\,|\,z=h_{\max}\cap\Gamma_r}=\frac{P_a}{\rho_f g}.$$

2 Existence globale en temps de la solution dans le cas d'un aquifère confiné

2.1 Introduction

Dans cette partie, nous allons donner la preuve de l'existence globale en temps d'une solution du problème correspondant au cas de l'aquifère confiné dans le cas de l'approche interface diffuse.

Concernant le cas interface nette, nous avons en partie, suivi les grandes lignes de la preuve donnée par K. Najib et C. Rosier (2011) mais en modifiant la définition de l'application introduite pour l'application du Théorème du point fixe de Schauder pour prouver l'existence d'une solution du problème tronqué. Nous avons, par ailleurs, détaillé la preuve du principe du maximum et le passage à la limite final.

Finalement, nous montrons que, malgré la non-dégénérescence des équations dans le cas interface diffuse, nous devons toujours supposer l'existence d'une zone d'eau douce d'épaisseur strictement positive dans le réservoir d'eau pour établir une majoration uniforme de la norme $L^2(\Omega_T)$ du gradient de la charge hydraulique.

2.2 Résultats préliminaires et notations

Dans cette partie, on introduit quelques notations et résultats. On suppose

$H^1(\Omega)$ l'espace de Sobolev:

$$H^1(\Omega) := \{\phi \in L^2(\Omega); \nabla\phi \in L^2(\Omega)\}$$

muni de norme

$$\|\phi\|_{H^1(\Omega)} := \Big(\sum_{\alpha\in N^2, |\alpha|\leq 1} \|\partial^\alpha \phi\|^2_{L^2(\Omega)}\Big)^{1/2}.$$

Soit $H_0^1(\Omega) := \{\phi \in H^1(\Omega); \phi = 0 \text{ dans } \Gamma\}$

Dans la suite de l'espace $H_0^1(\Omega)$ sera muni de la norme Hilbertienne

$$\|\phi\|H_0^1(\Omega) := \left(\int_\Omega |\nabla\phi(y)|^2 dy\right)^{1/2}$$

qui est équivalente à la norme $\|\cdot\|_{H^1(\Omega)}$, grâce à la deuxième inégalité de Poincaré.

Pour $u \in H^2(\Omega)$, on pose

$$A(u) := -\Delta u \in L^2(\Omega). \tag{2.1}$$

Soit unefunction $\omega \in L^2(\Omega)$ donnée, la function ϕ associé à ω est définie par

$$-\Delta\phi = \omega \quad dans\ \Omega, \tag{2.2}$$

$$\phi = 0 \quad dans\ \Gamma_D = \Gamma\times(0,T). \tag{2.3}$$

Il est facile de voir que $\phi \in H_0^2(\Omega)$ et $\|\phi\|_{H_0^2(\Omega)} \leq C\|w\|_{L^2(\Omega)}$ où C est une constante positive. En d'autres termes A^{-1} est un opérateur continue $L^2(\Omega) \to H_0^2(\Omega)$ et $\phi = A^{-1}(w)$.

$H^{-1}(\Omega)$ est l'espace dual de $H_0^1(\Omega)$, muni de la norme dual:

$$\|f\|_{H^{-1}(\Omega)} := \sup_{\psi\in H^1(\Omega)} \frac{\langle f,\psi\rangle}{\left(\int_\Omega |\nabla\psi|^2 dy\right)^{1/2}},$$

où $\langle f,\psi\rangle$ désigne l'appariement de la dualité. Si ω est simplement supposé être dans $H^{-1}(\Omega)$, la solution ϕ satisfait $\int_\Omega \nabla\phi\, \nabla\psi dy = \langle \omega,\psi\rangle$ pour tout $\psi \in H_0^1(\Omega)$, donc (par l'inéqualité de Cauchy-Schwarz):

$$\|\omega\|_{H^{-1}(\Omega)} = \left(\int_\Omega |\nabla\phi|^2 dy\right)^{1/2} = \|\phi\|_{H_0^1(\Omega)}$$

Alors si $\omega \in L^2(\Omega)$, $\|\omega\|^2_{H^{-1}(\Omega)} = 2\epsilon(\omega)$, où l'énergie fonctionnelle $\epsilon(\omega)$ est donnée par:

$$\epsilon(\omega) := \frac{1}{2}\int_\Omega \phi(y)\omega(y)dy.$$

La symbole $\langle\cdot,\cdot\rangle$ est le produit de dualité entre V et V'.

On a les inclusions compactes et denses suivantes:

$$V \subset H = H' \subset V'$$

Pour tout T>0, soit W(0,T) l'espace tel que:

$$W(0,T) := \left\{ \omega \in L^2(0,T,V), \frac{d\omega}{dt} \in L^2(0,T,V') \right\},$$

muni de la norme hilbertienne:

$$\| \omega \|_{W(0,T)} = \left(\| \omega \|^2_{L^2(0,T,V)} + \left\| \frac{d\omega}{dt} \right\|^2_{L^2(0,T,V')} \right)^{1/2}.$$

Donc, on a l'injection continue:

$$W(0,T) \subset C([0,T],[V,V']_{1/2}) = C([0,T],H)$$

et on déduit du lemme de Aubin que l'injection suivante:

$$W(0,T) \subset L^2(0,T,H) \text{ est compacte.}$$

Nous considérons que la nappe captive est délimitée par deux couches horizontales et imperméables. La surface inférieure correspond à $z=0$ et la surface superieure à $z=h_2$, h_2 est donc aussi l'épaisseur de la nappe supposée telle que $h_2>\delta>0$. On introduit la function $T_s(h)$ (qui représente l'épaisseur de la zone d'eau salée):

$$T_s(h) = h_2 - h \quad si \quad \delta \leqslant h \leqslant h_2$$

On prolonge T_s continuement par des constantes en dehors de $[\delta, h_2]$. Le prolongement de T_s pour $h \leqslant \delta$ nous permet d'assurer une zone d'eau douce d'épaisseur $\geqslant \delta$ dans l'aquifère.

On pose $\tilde{K} = \alpha K$ et $f = \dfrac{\Phi_f}{\alpha}$ et comme précédemment h désigne la profondeur de l'interface et donc f ' la charge de hydraulique' d'eau douce alors (h, f) satisfont le système suivant:

Cas de l'Interface nette:

$$\begin{cases} \dfrac{\partial h}{\partial t} - \nabla \cdot (T_s(h)\nabla h) + \nabla \cdot (T_s(h)\nabla f) = -Q_s, & \text{dans} \quad (\Omega)\times[0,T], \\ -\nabla \cdot (h_2 \nabla f) + \nabla \cdot (T_s(h)\nabla h) = Q_s + Q_f, & \text{dans} \quad (\Omega)\times[0,T], \\ h = h_D,\ f = f_D, & \text{sur} \quad \Gamma\times[0,T], \\ h(x,0) = h_0(x), & \text{dans} \quad \Omega. \end{cases}$$

Cas de l'Interface diffuse:

$$\begin{cases} \frac{\partial h}{\partial t} - \nabla \cdot (T_s(h)\nabla h) + \nabla \cdot (T_s(h)\nabla f) - \delta_h \nabla \cdot (\nabla h) = -Q_s, & \text{dans} \quad (\Omega) \times [0,T], \\ -\nabla \cdot (h_2 \nabla f) + \nabla \cdot (T_s(h)\nabla h) = Q_s + Q_f, & \text{dans} \quad (\Omega) \times [0,T], \\ h = h_D,\ f = f_D, & \text{sur} \quad \Gamma \times [0,T], \\ h(x,0) = h_0(x), & \text{dans} \quad \Omega. \end{cases}$$

où les fonctions d'approvisionnement Q_s et Q_f représentent les termes sources exterieures correspondant au pompage ou à l'alimentation en eau douce ou en eau salée dans l'aquifère.

Nous soulignons que nous avons pris pour K le tenseur identité uniquement pour simplifier l'écriture des systèmes.

2.3 Existence globale dans le cas d'une interface nette

Le but de cette section est le résultat suivant (qui est donné par K. Najib et C. Rosier en 2011):

Théorème 3: Soit $h_0 \in H^1(\Omega)$ telle que $\delta \leqslant h_0(y) \leqslant h_2$ p. p. $y \in \Omega$, $h_D \in W(0,T)$ telle que $\frac{\mathrm{d}h_D}{\mathrm{d}t} \in L^2(0,T,(H^1(\Omega))')$ et $\delta \leqslant h_D(t,y) \leqslant h_2$ p. p. $(t,y) \in [0,T] \times \Omega$, $f_D \in L^2(0,T,H^1(\Omega))$ et $Q_s, Q_f \in L^2(0,T,H)$.

Alors, pour tout T > 0, il existe une solution $h \in W(0,T) + h_D$, $f \in L^2(0,T,V) + f_D$ satisfaisant les équations variationnelles suivantes:

$$\int_0^T \langle \frac{\mathrm{d}h}{\mathrm{d}t}, v \rangle_{V',V} \mathrm{d}t + \int_0^T \int_\Omega (T_s(h)\ \nabla(h - f)) \cdot \nabla v + Q_s v \mathrm{d}y \mathrm{d}t = 0, \qquad (2.4)$$

$$\forall v \in L^2(0,T,V).$$

$$\int_0^T \int_\Omega (h_2\ \nabla f - T_s(h)\ \nabla h) \cdot \nabla \omega - (Q_s + Q_f) \omega \mathrm{d}y \mathrm{d}t = 0, \qquad (2.5)$$

$$\forall \omega \in L^2(0,T,V).$$

telle que

$$h(0,\ \cdot\ ) = h_0. \qquad (2.6)$$

$$\delta \leqslant h(t,y) \leqslant h_2, \text{pour} \quad p.p.\ (t,y) \in [0,T] \times \Omega. \qquad (2.7)$$

Remarques :

(1) Si on pose $u=h-h_D$ et $v=f-f_D$ dans (2.4)-(2.5), alors $(u,v)\in W(0,T)\times L^2(0,T,H_0^1(\Omega))$ et ils satisfont le système couplé suivant pour tout $\omega\in L^2(0,T,V)$:

$$\int_0^T\left[\langle\frac{d(u+h_D)}{dt},\omega\rangle_{V',V}+\int_\Omega\{T_s(u+h_D)\{\nabla(u+h_D)-\nabla(v+f_D)\}\cdot\nabla\omega+Q_s\omega\}\mathrm{d}y\right]\mathrm{d}t=0. \tag{2.8}$$

$$\int_0^T\left[\int_\Omega\{h_2\nabla(v+f_D)-T_s(u+h_D)\nabla(u+h_D)\}\cdot\nabla\omega-(Q_s+Q_f)\omega\mathrm{d}y\right]\mathrm{d}t=0. \tag{2.9}$$

avec

$$u(0,\cdot)=u_0:=h_0-h_D,$$

(2) Puisque $u\in W(0,T)\subset C([0,T],L^2(\Omega))$ alors (2.6) a bien un sens. De plus,

$$u\in C([0,T],L^p(\Omega)),\ \forall p\in[2,+\infty),$$

et $\exists\, C>0$, telle que :

$$\|(u(t)+h_D)\|_{L^\infty(\Omega)}\leqslant C,\ \forall t\in[0,T].$$

Preuve : Compte tenu des termes non linéaires et du couplage, nous sommes conduits à introduire des termes de troncature. On note $x^+:=\max(x,0)$ et soit M une constante que nous allons préciser plus tard, nous posons $h_M(x)=\min(1,M/x)$, $x>0$. Soient $(\epsilon_k)_{k\geqslant 0}$ une suite décroissante qui tend vers 0, nous remplaçons (2.4)-(2.6) par l'équation variationnelle suivante : $\forall\,\omega\in L^2(0,T,V)$

$$\int_0^T\left[\langle\frac{\mathrm{d}h_k}{\mathrm{d}t},\omega\rangle_{V',V}+T_s(h_k)\{\nabla h_k-h_M(\|\nabla f_k\|_{L^2(\Omega)T})\nabla f_k\}\cdot\nabla\omega\mathrm{d}y\right]\mathrm{d}t$$
$$+\int_0^T\int_\Omega\epsilon_k\nabla h_k\cdot\nabla\omega+\int_0^T\int_\Omega Q_s\omega\mathrm{d}y\mathrm{d}t=0. \tag{2.10}$$

$$\int_0^T\left[\int_\Omega(\{h_2\nabla(f_k)-T_s(h_k)\nabla(h_k)\}\nabla\omega-(Q_s+Q_f)\omega)\,\mathrm{d}y\right]\mathrm{d}t=0. \tag{2.11}$$

En utilisant l'opérateur A précédemment défini par (2.1), nous pouvons écrire

$$v_k=A^{-1}\left\{\frac{-1}{h_2}\mathrm{div}(-h_2\nabla f_D+T_s(h_k)\nabla h_k)-Q_s-Q_f\right\}:=A^{-1}(H(u_k)).$$

Nous rappelons que $h_k=u_k+h_D$ et $f_k=v_k+f_D$.

La preuve est décrite comme suit :

Dans la première étape, en utilisant le théorème de Schauder, nous prouvons que pour tout T > 0 et tout $k \in N$, (2.10) a une solution $u_k \in W(0,T)$ telle que $u_k(0,\ \cdot\ )=u_0$. Ensuite, nous montrons que, pour chaque k, $\delta \leqslant h_k(t,x) \leqslant h_2$ p. p. $(t,x) \in [0,T] \times \Omega$. Puis nous montrons que la suite $\{f_k\}_k$ est bornée dans $L^2(0,T,H^1)$. Enfin, nous montrons que tout point limite faible u dans $W(0,T)$ de la suite $(u_k)_k$ satisfait (2.8)-(2.9).

Etape 1.

Soit $k \in N$ fixé. Pour tout $u \in V$, on note

$$d_k(u) := \epsilon_k \nabla h_D + T_s(u+h_D)\{\nabla h_D - h_M(\|\nabla(v+f_D)\|_{L^2(\Omega_T)^2})\nabla(v+f_D)\}$$

où

$$v = A^{-1}\left\{\frac{-1}{h_2}\nabla(-h_2\nabla f_D + T_s(u_k+h_D)\nabla(u_k+h_D)) - Q_s - Q_f\right\} := A^{-1}(H(u_k)) \tag{2.12}$$

Alors pour tout $u=u(t) \in L^2(0,T,V)$,

$$\|d_k(u)\|_{L^2(0,T,H\times H)} \leqslant h_2(M+(1+\epsilon_k/h_2)\|\nabla h_D\|_{L^2(0,T,H)}) := C_1 \tag{2.13}$$

D'autre part, pour toute $g \in H, u \in V$,

$$\int_\Omega (\epsilon_k + T_s(g+h_D))\nabla u \cdot \nabla u \, \mathrm{d}y \geqslant \epsilon_k \|u\|_v^2$$

Ainsi pour tout $g \in L^2(0,T,V)$, il existe une unique solution $u =: \mathcal{F}(g) \in W(0,T)$ du problème parabolique linéaire suivant :

$$\begin{cases} \dfrac{\mathrm{d}u}{\mathrm{d}t} - \mathrm{div}(\epsilon_k + T_s(g+h_D)\nabla u) = div(d_k(g)) - Q_s - \dfrac{\mathrm{d}h_D}{\mathrm{d}t} (\in L^2(0,T,V')), \\ u(t=0) = u_0. \end{cases}$$

En d'autres termes, pour tout $\bar{h} = \bar{u} + h_D, \bar{u} \in L^2(0,T,V)$, nous définisons un unique $h \in h_D + L^2(0,T,V)$, $(h = \mathcal{F}_1(\bar{u}) + h_D)$, tel que pour tout $\omega \in L^2(0,T,V)$,

$$\int_0^T \langle \frac{\mathrm{d}h}{\mathrm{d}t}, \omega \rangle_{V',V} \mathrm{d}t + \int_0^T\int_\Omega \{(\epsilon_k + T_s(\bar{u}+h_D))\nabla h \cdot \nabla\omega$$

$$- h_M(\|\nabla(v+f_D)\|_{H\times H})\nabla(v+f_D) \cdot \nabla\omega \mathrm{d}y\mathrm{d}t = -\int_0^T\int_\Omega Q_s\omega \mathrm{d}y\mathrm{d}t, \tag{2.14}$$

avec

$$v=A^{-1}\left\{\frac{-1}{h_2}\nabla\cdot(-h_2\nabla f_D+T_s(\overline{u}+h_D)\nabla(\overline{u}+h_D))-Q_s-Q_f\right\},\qquad(2.15)$$

et

$$h(t=0,x)=h_0(x).\qquad(2.16)$$

Plus précisément, nous avons défini l'application:

$$\mathcal{F}\ :\ L^2(0,T;H^1(\Omega))\to L^2(0,T;H^1(\Omega))$$

$$\overline{h}\ \mapsto\ \mathcal{F}(\overline{h})=(h,f)\ :=(\mathcal{F}_1\overline{h},(\mathcal{F}_2\overline{h})),$$

où le couple (h,f) est la solution du problème:

$$\int_0^T\langle\partial_t h,w\rangle_{V,V'}dt+\int_0^T\int_\Omega\epsilon_k\nabla h\cdot\nabla\omega dxdt+\int_0^T T_s(\overline{h})\nabla h\cdot\nabla w\,dxdt$$

$$+\int_0^T\int_\Omega T_s(\overline{h})h_M(\|\nabla f\|_{L^2})\nabla f\cdot\nabla\omega dxdt+\int_0^T\int_\Omega Q_s w dxdt=0,\qquad(2.17)$$

$\forall\,\omega\in V=H_0^1(\Omega)$,

avec f l'unique fonction de $L^2(0,T;H^1(\Omega))$ telle que $f=f_D$ sur $\partial\Omega$ et

$$\int_0^T\left\{\int_\Omega\{h_2\nabla(f)-T_s(\overline{h})\nabla(\overline{h})\}\nabla\omega-(Q_s+Q_f)\omega\right\}dydt=0.\qquad(2.18)$$

Clairement, tout point fixe de $\mathcal{F}$ est solution de (2.10). Pour appliquer le théorème de point fixe de Schauder, on doit montrer que $\mathcal{F}$ envoie un sous-ensemble convexe fermé borné non vide, W_k, de $W(0,T)$ dans lui-même et que $\mathcal{F}$ est continue sur $W(0,T)$.

Montrons que $\mathcal{F}$ est continue:

Déjà, clairement $\mathcal{F}_2$ est continue dans $L^2(0,T;H^1(\Omega))$ et $\|\nabla f_n\|_{L^2(\Omega_T)}\leqslant\overline{C}+\|\nabla\overline{h}^n\|_{L^2(\Omega_T)}$, où C ne dépend que des donnés.

Montrons à présent la continuité de $\mathcal{F}_1$:

Soit la suite $(\overline{h}^n)_n$ de $L^2(0,T;H^1(\Omega))$ et $(\overline{h})$ de $L^2(0,T;H^1)$ telle que

$$\overline{h}^n\to_{n\to\infty}\overline{h}\ \text{dans}\ L^2(0,T;H^1).$$

On pose $h_n=\mathcal{F}_1(\overline{h}^n)$ et $h=\mathcal{F}_1(\overline{h})$, montrons que $h_n\to h$ dans $W(0,T)$.

Pour tout $n\in N$, si on pose $w=h_n-h_D$ dans (2.17), on obtient:

$$\int_0^T\langle\partial_t(h_n-h_D),(h_n-h_D)\rangle_{V',V}dt+\int_0^T\int_\Omega(\epsilon_k+T_s(\overline{h}^n))\nabla h_n\cdot\nabla h_n dxdt$$

$$=\int_0^T\int_\Omega(\epsilon_k+T_s(\overline{h}^n))\nabla h_D\cdot\nabla h_n dxdt$$

$$- \int_0^T\int_\Omega T_s(\bar{h}) h_M(\|\nabla f_n\|_{L^2}) \nabla f_n \cdot \nabla h_n \mathrm{d}x\mathrm{d}t$$

$$+ \int_0^T\int_\Omega T_s(\bar{h}) h_M(\|\nabla f_n\|_{L^2}) \nabla f_n \cdot \nabla h_D \mathrm{d}x\mathrm{d}t$$

$$- \int_0^T\int_\Omega Q_s(h_n - h_D) \mathrm{d}x\mathrm{d}t$$

$$- \int_0^T \langle \partial_t h_D, (h_n - h_D) \rangle_{V',V} \mathrm{d}t \tag{2.19}$$

et

$$\int_0^T\int_\Omega [h_2 \nabla \bar{h}^n \cdot \nabla \omega - h_2 T_s(f_n) \nabla \bar{h}^n \cdot \nabla \omega - (Q_s + Q_f)\omega] \mathrm{d}y\mathrm{d}t = 0$$

En utilisant le résultat F.Mignot, on a:

$$\int_0^T \langle \partial_t(h_n - h_D), (h_n - h_D) \rangle_{V',V} \mathrm{d}t = \frac{1}{2}\|h_n - h_D\|_H^2 - \frac{1}{2}\|h_0 - h_{D\mid t=0}\|_H^2 \tag{2.20}$$

Par ailleurs

$$\int_0^T\int_\Omega (\epsilon_k + T_s(\bar{h}^n)) \nabla h_n \cdot \nabla h_n \mathrm{d}x\mathrm{d}t \geqslant \epsilon_k \|h_n\|_{L^2(0,T;H^1)}^2. \tag{2.21}$$

On écrit aussi que:

$$\left| \int_0^T\int_\Omega (\epsilon_k + T_s(\bar{h}^n)) \nabla h_D \cdot \nabla h_n \mathrm{d}x\mathrm{d}t \right| \leqslant (\epsilon_k + h_2) \|h_n\|_{L^2(0,T;H^1)} \|h_D\|_{L^2(0,T;H^1)},$$

et on applique l'égalité de Young: pour tout $\epsilon>0$,

$$\left| \int_0^T\int_\Omega (\epsilon_k + T_s(\bar{h}^n)) \nabla h_D \cdot \nabla h_n \mathrm{d}x\mathrm{d}t \right| \leqslant \frac{\epsilon}{4}\|h_n\|_{L^2(0,T;H^1)}^2 + \frac{(\epsilon_k + h_2)^2}{\epsilon}\|h_D\|_{L^2(0,T;H^1)}^2. \tag{2.22}$$

Pour le terme:

$$\left| - \int_0^T\int_\Omega T_s(\bar{h}) h_M(\|\nabla f_n\|_{L^2}) \nabla f^n \nabla h_n \mathrm{d}x\mathrm{d}t \right| \leqslant M h_2 \sqrt{T} \|h_n\|_{L^2(0,T;H^1)},$$

nous avons, en appliquant l'inégalité de Young:

$$\left| - \int_0^T\int_\Omega T_s(\bar{h}) h_M(\|\nabla f_n\|_{L^2(\Omega_T)}) \nabla f_n \cdot \nabla h_n \mathrm{d}x\mathrm{d}t \right| \leqslant \frac{M^2 T}{\epsilon} h_2 + \frac{\epsilon}{4}\|h_n\|_{L^2(0,T;H^1)}^2. \tag{2.23}$$

De plus

$$\left| - \int_0^T\int_\Omega T_s(\bar{h}) h_M(\|\nabla f_n\|_{L^2(\Omega_t)}) \nabla f_n \cdot \nabla h_D \mathrm{d}x\mathrm{d}t \right| \leqslant M h_2 \sqrt{T} \|h_D\|_{L^2(0,T;H^1(\Omega))},$$

et enfin:

$$\left| - \int_0^T \int_\Omega Q_s(h_n - h_D) \mathrm{d}x\mathrm{d}t \right| \leqslant \| Q_s \|_{L^2(0,T,H)} \| h_n - h_D \|_{L^2(0,T;H)} ,$$

en appliquant l'inégalité de Young, on obtient:

$$\left| - \int_0^T \int_\Omega Q_s(h_n - h_D) \mathrm{d}x\mathrm{d}t \right| \leqslant \frac{\| Q_s \|^2_{L^2(0,T,H)}}{2} + \frac{1}{2} \| h_n - h_D \|^2_{L^2(0,T;H)} , \qquad (2.24)$$

et

$$\left| - \int_0^T \langle \partial_t h_D , (h_n - h_D) \rangle_{V',V} \mathrm{d}t \right| \leqslant$$

$$\frac{1}{\epsilon} \| \partial_t h_D \|^2_{L^2(0,T,H^1(\Omega)')} + \frac{1}{2} \| h_D \|^2_{L^2(0,T,H)} + \frac{\epsilon}{4} \| h_n \|^2_{L^2(0,T,H^1)} .$$

En faisant le somme des précédentes estimations, on obtient:

$$\frac{1}{2} \| h_n - h^D \|^2_H + \left(\epsilon_k - \frac{3\epsilon}{4} \right) \| h_n \|^2_{L^2(0,T;H^1)} \leqslant$$

$$\frac{1}{2} \| h_0 - h_{D\,|\,t=0} \|^2_H + \left(\frac{\| Q_s \|^2_{L^2(0,T,H)}}{2} + \frac{M^2 T}{\epsilon} \right) + \left(\frac{(\epsilon_k + h_2)^2}{\epsilon} + \frac{1}{2} \right) \| h_D \|^2_{L^2(0,T;H^1)}$$

$$+ \frac{1}{\epsilon} \| \partial_t h_D \|^2_{L^2(0,T,(H^1(\Omega))')} + \frac{1}{2} \int_0^T \| h_n - h_D \|^2_H \mathrm{d}t + M\sqrt{T} \| h_D \|_{L^2(0,T;H^1)} h_2 . \qquad (2.25)$$

Ainsi si ϵ est choisi tel que: $\left(\epsilon_k - \frac{3\epsilon}{4} \right) > 0$, la relation (2.25) et le lemme de Gronwall, nous permettent de conclure qu'il existe deux reels

$A_M = A_M(h_0, h_D, h_2, Q_s, M, T)$ et $B_M = B_M(h_0, h_D, h_2, Q_s, M, T)$ dependant seulement des données du problème telles que:

$$\| h_n \|_{L^\infty(0,T,H)} \leqslant A_M , \| h_n \|_{L^2(0,T,H^1(\Omega))} \leqslant B_M$$

Donc la suite $(h_n)_n$ est uniformément bornée dans $L^2(0,T;H^1(\Omega)) \cap L^\infty(0,T,H)$.

On pose $C_M = Max(A_M, B_M)$.

Nous allons maintenant montrer que $\left(\frac{\partial h_n}{\partial t} \right)_n$ est bornée dans $L^2(0,T;V')$.

La norme dans cet espace est definie comme suit:

$$\left\| \frac{\partial h_n}{\partial t} \right\|_{L^2(0,T,V')} = \sup_{\| \omega \|_{L^2(0,T,V)} \leqslant 1} \left| \int_0^T \langle \frac{\partial h_n}{\partial t} , \omega \rangle_{V',V} \mathrm{d}t \right|$$

$$= \sup_{\| \omega \|_{L^2(0,T,V)} \leqslant 1} \left| - \int_0^T \int_\Omega (\epsilon_k + T_s(\bar{h}^n)) \nabla h_n \cdot \nabla \omega \mathrm{d}x\mathrm{d}t \right.$$

$$+\int_0^T\int_\Omega T_s(\bar{h}^n)h_M(\|f_n\|_{L^2(\Omega_T)})\nabla f_n\cdot\nabla\omega\mathrm{d}x\mathrm{d}t$$

$$-\int_0^T\int_\Omega Q_s\omega\mathrm{d}x\mathrm{d}t\Bigg|.$$

Nous allons estimer séparément les trois termes de cette expression:

$$\left|-\int_0^T\int_\Omega(\epsilon_k+T_s(\bar{h}^n))\nabla h_n\cdot\nabla\omega\mathrm{d}x\mathrm{d}t\right|\leqslant(\epsilon_k+h_2)\|h_n\|_{L^2(0,T;H^1)}\|\omega\|_{L^2(0,T,V)},$$

comme la suite $(h_n)_n$ est bornée dans $L^2(0,T;H^1(\Omega))$, alors

$$\left|-\int_0^T\int_\Omega(\epsilon_k+T_s(\bar{h}^n))\nabla h_n\nabla\omega\mathrm{d}x\mathrm{d}t\right|\leqslant(\epsilon_k+h_2)C_M\|\omega\|_{L^2(0,T,V)},$$

De plus,

$$\left|\int_0^T\int_\Omega T_s(\bar{h}^n)h_M(\|f_n\|_{L^2(\Omega_T)})\nabla f_n\cdot\nabla\omega\mathrm{d}x\mathrm{d}t\right|\leqslant Mh_2\sqrt{T}\|\omega\|_{L^2(0,T,V)},$$

et enfin en utilisant l'inégalité de Poincaré $\|\omega\|_{L^2(0,T;H)}\leqslant C_p\|\omega\|_{L^2(0,T;V)}$:

$$\left|\int_0^T\int_\Omega Q_s\omega\mathrm{d}x\mathrm{d}t\right|\leqslant\|Q_s\|h_2\|\omega\|_{L^2(0,T,V)}.$$

En faisant la somme de ces trois équations, on obtient une borne de la norme dans $L^2(0,T;V')$ de $\frac{\partial h_n}{\partial t}$:

$$\left\|\frac{\partial h_n}{\partial t}\right\|_{L^2(0,T,V')}\leqslant((\epsilon_k+h_2)C_M+Mh_2\sqrt{T}+\|Q_s\|)\|\omega\|_{L^2(0,T,V)}.$$

avec $\|\omega\|_{L^2(0,T,V)}\leqslant 1$, donc

$$\left\|\frac{\partial h_n}{\partial t}\right\|_{L^2(0,T,H^1)}\leqslant((\epsilon_k+h_2)C_M+Mh_2\sqrt{T}+C_p\|Q_s\|):=D_M.$$

Donc $\left(\frac{\partial h_n}{\partial t}\right)_n$ est bornée dans $L^2(0,T;V')$.

Nous venons de prouver que $(h_n)_{n\in\mathcal{N}}$ est uniformément bornée dans $L^2(0,T,H^1(\Omega))\cap H^1(0,T,(H^1)')$. En utilisant le lemme d'Aubin, on extrait une sous-suite, toujours notée $(h_n)_{n\in\mathcal{N}}$ convergent fortement dans $L^2(0,T,L^2(\Omega))$ et faiblement dans l'espace $L^2(0,T,H^1(\Omega))\cap H^1(0,T,(H^1)')$ vers une limite notée l. En utilisant en particulier la convergence forte dans $L^2(\Omega_T)$ et donc la convergence presque partout dans Ω_T, on vérifie que l est une solution de (2.17).

La solution de (2. 17) étant unique, nous obtenons que $l=h$. Il reste à prouver que $(h_n)_{n\in\mathcal{N}}$ converge fortement vers h dans $L^2(0,T,H^1(\Omega))$.

En soustrayant la formulation faible (2. 17) à son homologue dépendant de n et en prenant pour fonction test $\omega=h^n-h$, on obtient:

$$\int_0^T \langle \partial_t(h_n - h), h_n - h\rangle_{V,V'} + \int_{\Omega_T} (\epsilon_k + T_s(\bar{h}^n))\, \nabla(h_n - h)\cdot\nabla(h^n - h) -$$

$$\int_{\Omega_T} (T_s(\bar{h}^n) - T_s(\bar{h}))\, \nabla(h_n - h)\cdot\nabla h + \int_{\Omega_T} (T_s(\bar{h}^n) h_M(\|\nabla f^n\|_{L^2})\, \nabla f^n$$

$$- T_s(\bar{h}) h_M(\|\nabla f\|_{L^2})\, \nabla f)\cdot\nabla(h_n - h) + \int_{\Omega_T} Q_s(h_n - h) = 0 \qquad (2.26)$$

En utilisant que $\overline{h^n}\rightarrow\bar{h}$ dans $L^2(0, T, H^1)$ et les résultats de convergence précédents pour h_n, la limite lorsque $n\rightarrow\infty$ dans (2. 26) se réduit à:

$$\lim_{n\to\infty}\left(\int_{\Omega_T} (\epsilon_k + T_s(\bar{h}^n))\, \nabla(h_n - h)\cdot\nabla(h_n - h)\,\mathrm{d}x\mathrm{d}t\right) = 0$$

et nous déduisons que:

$$\lim_{n\to\infty}\left(\int_{\Omega_T} \epsilon_k \,|t\,\nabla(h_n - h)|^2\mathrm{d}x\mathrm{d}t + \int_{\Omega} T_s(\bar{h}^n)\,|t\,\nabla(h_n - h)|^2\mathrm{d}x\mathrm{d}t\right) \leqslant 0.$$

D'où $\nabla h_n\rightarrow\nabla h$ fortement dans $L^2(0,T,H)$.

Donc la continuité de $\mathcal{F}_1$ pour la topologie forte de $L^2(0,T,H^1)$ est bien prouvée.

Conclusion:

$\mathcal{F}$ est continue de $L^2(0,T;H^1(\Omega))$ dans $L^2(0,T;H^1(\Omega))^2$, soit $A\in\mathbb{R}_+^*$ le nombre réel défini par

$$A=\max(C_M, D_M)$$

et

$$W_k=\{g\in W(0,T)\,;g(0)=h(0)\,,g|_T=h_D\,;\|g\|_{L^2(0,T,H^1(\Omega))\cap H^1(0,T,V')}\leqslant A.\}$$

Nous avons montré que $\mathcal{F}(W_k)\subset W_k$. Il résulte du théorème de Schauder qu'il existe $h\in W_k$ telle que $\mathcal{F}(h)=0$. Ce point fixe de $\mathcal{F}$ est une solution faible du problème (2. 17)-(2. 18).

Etape 2. Principe du maximum

Nous prétendons que pour chaque $k \geqslant 0$,

$$pour\ p.p.\ (t,y) \in (0,T)\times\Omega, \delta \leqslant (u_k+h_D)(t,y) \leqslant h_2. \quad (2.27)$$

Fixons $k \geqslant 0$, et écrivons u pour u_k, v pour $A^{-1}(H(u_k))$, etc.

Soit $\eta>0$ posons $u_\eta(t,y) := ((u+hD)(t,y)-\eta-h_2)^+$.

Clairement $u_\eta \in L^2(0,T,V)$ et $\nabla u_\eta = \nabla(u+h_D)\chi_{u+hD>\eta+h_2}$.

Soi $\tau \in (0,T]$ et posons $\omega(t,y)=u_\eta(t,y)\chi_{(0,\tau)}(t)$ dans (2.10), alors

$$\int_0^\tau \langle \frac{dh}{dt}, u_\eta \rangle_{V',V}\, dt + \int_0^\tau\int_\Omega (\epsilon_k + T_s(h))\,|\nabla h|^2 dydt$$

$$= -\int_0^\tau\int_\Omega T_s(h)h_M(\|\nabla f\|_{H\times H})\,\nabla f\cdot\nabla u_\eta dydt - \int_0^\tau\int_\Omega Q_s u_\eta dydt := I_1.$$

Il résulte du lemme de Mignot appliqué à $f(\lambda) := (\lambda-\eta-h^2)^+$ que, pour chaque $\tau \in (0,T]$,

$$\int_0^\tau \langle \frac{dh}{dt}, u_\eta \rangle_{V',V}\, dt = \frac{1}{2}\int_\Omega u_\eta^2(\tau)\,dy - 0.\ \text{car}\ h_0(t,y) \leqslant h_2.$$

Puisque $T_s(h)=0$ pour $h \geqslant h_2$ et $Q_s=0$ si $h>h_2$, on a $I_1=0$.

Donc pour tout $\tau \in [0,T], \int_\Omega u_\eta^2(\tau)\,dy \leqslant 0$, ainsi on a $h(\tau,y) \leqslant \eta+h_2$, p. p. $y \in \Omega$.

Faisons tendre $\eta \to 0^+$, on obtient $\forall_\tau \in [0,T], (u+h_D)(\tau,y) \leqslant h_2$.

Prouvons que $h(\tau,y) \geqslant \delta$ p. p. $y \in \Omega$, $\forall \tau \in [0,T]$.

Soit $u_\eta(t,y) = (h-\delta)^-$, alors $u_\eta \in L^2(0,T,V)$ et $\nabla u_\eta = \nabla h \cdot \chi_{h<\delta}$.

Posons $\omega = u_\eta$ dans (2.10), on obtient:

$$\int_0^T \langle \frac{dh}{dt}, u_\eta \rangle_{V',V}\, dt + \int_0^T\int_\Omega \epsilon_k\chi_{h<\delta}\nabla h\cdot\nabla u_\eta + T_s(h)\chi_{h<\delta}\{\nabla h - h_M(\|\nabla f\|_{L^2})\,\nabla f\}\cdot\nabla u_\eta dydt + \int_0^T\int_\Omega Q_s u_\eta dydt = 0. \quad (2.28)$$

Posons $\omega = \frac{h_2-\delta}{h_2}u_\eta$ dans (2.11), alors

$$\int_0^T\left\{\int_\Omega \{h_2\nabla f - T_s(h)\,\nabla(h)\}\,\nabla\frac{h2-\delta}{h_2}h_M(\|\nabla f\|)u_\eta - (Q_s+Q_f)\,\frac{h_2-\delta}{h_2}h_M(\|\nabla f\|)u_\eta\right\}dydt. \quad (2.29)$$

Additionnons les deux équations (2.28) et (2.29), on a

$$\int_0^T \langle \frac{du_\eta}{dt}, u_\eta \rangle_{V,V'} dt + \int_0^T \int_\Omega \chi_{h<\delta}(\epsilon_k + T_s(h)) |\nabla h|^2 - T_s(h) h_M(\|\nabla f\|) \nabla f \cdot \nabla u_\eta$$

$$+ (h_2 - \delta) h_M(\|\nabla f\|) \nabla f \cdot \nabla u_\eta - T_s(h) \frac{h_2 - \delta}{h_2} h_M(\|\nabla f\|) \chi_{h<\delta} |\nabla h|^2$$

$$+ \left[Q_s \left(1 - \frac{h_2 - \delta}{h_2} h_M(\|\nabla f\|) \right) - Q_f \frac{h_2 - \delta}{h_2} h_M(\|\nabla f\|) \right] u_\eta dx dt = 0$$

$\Leftrightarrow$

$$\int_0^T \langle \frac{du_\eta}{dt}, u_\eta \rangle_{V,V'} dt + \int_0^T \int_\Omega \chi_{h<\delta}(\epsilon_k + (h_s - \delta) \left(1 - \frac{h_2 - \delta}{h_2} h_M(\|\nabla f\|) \right) |\nabla h|^2 dx dt$$

$$+ \int_0^T \int_\Omega \left[Q_s \left(1 - \frac{h_2 - \delta}{h_2} h_M(\|\nabla f\|) \right) - Q_f \frac{h_2 - \delta}{h_2} h_M(\|\nabla f\|) \right] u_\eta dx dt = 0.$$

Puisque $Q_s = 0$ et $Q_f = 0$ pour $h < \delta$ on obtient:

$$0 \geqslant \int_0^T \langle \frac{du_\eta}{dt}, u_\eta \rangle_{V,V'} dt + \int_0^T \int_\Omega \chi_{h<\delta} \left(\epsilon_k + \frac{\delta}{h_2} \right) |\nabla h|^2 dx dt$$

(on a utilisé que $T_s(h) = h_2 - \delta$ si $h \leqslant \delta$),

or $\int_0^T \langle \frac{dh}{dt}, u_\eta \rangle_{V',V} dt = \frac{1}{2} \int_\Omega u_\eta^2(\tau) dy - 0$, puisque $h_0(x) \geqslant \delta$.

Donc $\int_\Omega u_\eta^2(\tau, y) dy \leqslant 0$, c'est-à-dire, $\forall (t,y) \in (0,T] \times \Omega, \delta \leqslant h(t,y)$.

Conclusion:

$\forall (t,x) \in (0,T] \times \Omega, \delta \leqslant h(t,x) \leqslant h_2$.

Etape 3. Elimination du terme de troncature

Nous prétendons maintenant qu'il existe une constante $M > 0$ telle que $\forall k \geqslant 0$, $\|f\|_{L^2(0,T,H^1)} \leqslant M$, ce qui revient à dire que $\forall k \geqslant 0$, $\|v_k\|_{L^2(0,T,V)} \leqslant M$.

On fixe $k \geqslant 0, t \in (0,T]$ et on écrit u(resp. v) au lieu de u_k(resp. v_k)

En posant u(resp. v) dans (2.10)-(2.13), on a:

$$\int_0^t \langle \frac{dh}{dt}, u \rangle dt + \int_0^t \int_\Omega \{ (\epsilon_k + T_s(h)) |\nabla u|^2 - h_M(\|\nabla f\|_{H \times H}) T_s(h) \nabla v \nabla u \} dy dt$$

$$= \int_0^t \int_\Omega \{ -\epsilon_k \nabla h_D \cdot \nabla u + T_s(h) h_M(\|\nabla f\|) \nabla f_D \cdot \nabla u \} - Q_s u dy dt. \qquad (2.30)$$

$$\int_0^t \int_\Omega \{ h_2 |\nabla f|^2 - T_s(h) \nabla h \} \cdot \nabla v dy dt = \int_0^t \int_\Omega (Q_s + Q_f) v dy dt. (0) \qquad (2.31)$$

Puis en additionnant (2.30) et (2.31), nous déduisons du lemme de Mignot que

$$\frac{1}{2}\int_{\Omega}(u^2(t,y) - u_0^2(y))\mathrm{d}y + \int_0^t\int_{\Omega}\{\epsilon_k|\nabla u|^2 + T_s(h)|\nabla(u-v)|^2$$

$$+ h|\nabla v|^2 + T_s(h)(1 - h_M(\|\nabla f\|_{H\times H}))|\nabla v|^2\}\mathrm{d}y\mathrm{d}t$$

$$= -\int_0^t\int_{\Omega}\{T_s(h)(1 - h_M(\|\nabla f\|_{H\times H}))\nabla(u-v)\cdot\nabla v$$

$$+ \epsilon_k\nabla h_D\cdot\nabla u - h\nabla f_D\cdot\nabla v - T_s(h)\nabla(f_D - h_D)\cdot\nabla(u-v)$$

$$- T_s(h)(1 - h_M(\|\nabla f\|))[\nabla f_D\cdot(\nabla u - v) + \nabla f_D\cdot\nabla v]$$

$$+ Q_s u - (Q_s + Q_f)f\}\mathrm{d}y\mathrm{d}t - \int_0^t\langle\frac{\mathrm{d}h_D}{\mathrm{d}t},u\rangle\mathrm{d}t$$

$$:= I_1 + I_2 + I_3 + I_4 + I_5 + I_6 + I_7 + I_8. \qquad (2.32)$$

En appliquant les inégalités de Cauchy-Schwarz et de Young, on obtient

$$|I_1| \leqslant \frac{1}{2}\int_0^t\int_{\Omega}(1 - h_M(\|\nabla f\|_{H\times H}))^2 T_s(h)|\nabla v|^2\mathrm{d}y\mathrm{d}t$$

$$+ \frac{1}{2}\int_0^t\int_{\Omega}T_s(h)|\nabla(u-v)|^2\mathrm{d}y\mathrm{d}t$$

$$|I_2| \leqslant \frac{\epsilon_k}{2}\int_0^t\int_{\Omega}|\nabla u|^2\mathrm{d}y\mathrm{d}t + \frac{\epsilon_k}{2}\|\nabla h_D\|^2_{L^2(0,T,H)}$$

$$|I_3| \leqslant \frac{\delta}{4}\int_0^t\int_{\Omega}|\nabla v|^2\mathrm{d}y\mathrm{d}t + \frac{4}{\delta}h_2^2\|\nabla f_D\|^2_{L^2(0,T,H)}$$

$$|I_4| \leqslant 8h_2(\|\nabla h_D\|)^2_{L^2(0,T,H)} + \|\nabla f_D\|^2_{L^2(0,T,H)} + \frac{1}{4}\int_0^t\int_{\Omega}T_s(h)|\nabla(u-v)|^2\mathrm{d}y\mathrm{d}t$$

$$|I_5| \leqslant \int_0^T\int_{\Omega}\frac{T_s(h)}{8}|\nabla(u-v)|^2 + 2\int_0^T\int_{\Omega}T_s(h)(1 - h_M(\|\nabla f\|))^2|\nabla f_D|^2 +$$

$$\frac{1}{4}\int_0^T\int_{\Omega}T_s(h)(1 - h_M(\|\nabla f\|))|\nabla v|^2 + \int_0^T\int_{\Omega}T_s(h)(1 - h_M(\|\nabla f\|))|\nabla f_D|^2$$

$$|I_6| \leqslant \frac{1}{2}\int_0^t\int_{\Omega}u^2\mathrm{d}y\mathrm{d}t + \frac{1}{2}\|Q_s\|^2_{L^2(0,T,H)}$$

$$|I_7| \leqslant \frac{\delta}{4}\int_0^t\int_{\Omega}|\nabla v|^2\mathrm{d}y\mathrm{d}t + \frac{8C(\Omega)^2}{\delta}(\|Q_s\|^2_{L^2(0,T,H)} + \|Q_f\|^2_{L^2(0,T,H)})$$

$$|I_8| \leqslant \frac{1}{2}\int_0^t\int_{\Omega}u^2\mathrm{d}y\mathrm{d}t + \frac{1}{2}\left\|\frac{\mathrm{d}h_D}{\mathrm{d}t}\right\|^2_{L^2(0,T,V')}$$

En rassemblant toutes les précédentes estimations dans (2.32), nous pouvons conclure:

$\forall t \in (0,T]$,

$$\int_\Omega u(t,y)^2 \mathrm{d}y \leqslant \int_0^t \int_\Omega u(s,y)\,\mathrm{d}y\mathrm{d}s + C(h_D, f_D, h_0, h_2, \partial_t h_D, Q_s, Q_f, \delta) := C_2.$$

En appliquant l'inégalité de Gronwall, nous obtenons:

$$\int_\Omega u(t,y)^2 \mathrm{d}y \leqslant C_2(1 + te^t) \leqslant C_2(1 + Te^T),$$

en particulier, nous avons:

$$\int_0^T \int_\Omega u^2(t,y)\,\mathrm{d}y\mathrm{d}t \leqslant C_3 := C_2 T(1 + Te^T),$$

et alors $\displaystyle\int_0^T \int_\Omega |\nabla v|^2 \mathrm{d}y\mathrm{d}t \leqslant M := \frac{2}{\delta}(C_2 + C_3)$.

En outre, nous avons également prouvé que:

$$\int_0^T \int_\Omega T_s(u_k + h_D)\,|\nabla(u_k - v_k)|^2 \mathrm{d}y\mathrm{d}t \leqslant 4 \times (C_2 + C_3),$$

Donc

$$\int_0^T \int_\Omega T_s(u_k + h_D)\,|\nabla u_k|^2 \mathrm{d}y\mathrm{d}t \leqslant C(C_2, C_3, M) \qquad (2.33)$$

et

$$\epsilon_k \int_0^T \int_\Omega |\nabla u_k|^2 \mathrm{d}y\mathrm{d}t \leqslant 2 \times (C_2 + C_3) \qquad (2.34)$$

Etape 4. Passage à la limite

Nous allons maintenant passer à la limite lorsque $\epsilon_k \to 0$. Nous introduisons la function $\phi(x) = \int_0^x (h_2 - s)^{1/2} \mathrm{d}s \left(= -\frac{2}{3}(h_2 - x)^{3/2} + \frac{2}{3} h_2^{3/2} \right)$ pour absorber la dégénérescence de l'équations parabolique (2.4). Donc l'inégalité (2.33) signifie que $\nabla\phi(h_k)$ est bornée dans $L^2(0,T,H)$.

Par ailleurs, ϕ est une fonction de classe C^1 et strictement décroissante sur $[0, h_2]$, donc ϕ^{-1} existe et est lipschitzienne et de classe C^1 sur $[0, h_2]$. Ne pouvant pas directement appliquer le lemme d'Aubin, nous allons utiliser la technique introduite par Alt et Lukhaus pour obtenir une estimation des translatés en temps de $(h_k)_k$.

Rappelons le lemme:

Lemme 3: Soitent X un espace de Hillbert muni de la norme $\|\cdot\|_X$ et f un élément de $L^2(0,T,X)$ tel que $\partial_t f \in L^2(0,T,X')$. Nous avons l'inégalité:

$$\int_0^{T-\xi} \|f(t+\xi)-f(t)\|_X^2 \leqslant \xi^2 \int_0^T \|\partial_t f\|_X \mathrm{d}t,\ \forall \xi \in [0,T].$$

Lemme 4: La suite $(h_k,\phi(h_k))_{k\in\mathbb{N}}$ vérifie l'inégalité

$$\int_\xi^T (h_k(\cdot,t)-h_k(\cdot,t-\xi),\phi(h_k,(\cdot,t))-\phi(h_k(\cdot,t-\xi)))\mathrm{d}t \leqslant C\cdot\xi,$$

$\forall \xi \in [0,T]$.

De plus, nous pouvons extraire, une sous-suite encore notée $(\xi_k,\phi(\xi_k))_{k\in\mathbb{N}}$ qui converge fortement vers $h,\phi(h)$ dans $L^2(\Omega_T)$.

Preuve: Soient $\xi\in[0,T]$ et $v\in L^2(0,T,V)$, on a

$$\int_\xi^T (h_k(\cdot,t)-h_k(\cdot,t-\xi),v)\mathrm{d}t \leqslant \int_\xi^T \|h_k(\cdot,t)-h_k(\cdot,t-\xi)\|_{V'}\|v\|_V \mathrm{d}t$$

$$\overset{\text{grâce au lemme 3}}{\leqslant} \xi\|v\|_{L^2(0,T,V)}\left\|\frac{\partial h_k}{\partial t}\right\|_{L^2(0,T,V')}.$$

Par conséquent, en prenant $v=\phi(h_k(\cdot,t))-\phi(h_k(\cdot,t-\xi))$ et en utlisant la majoration uniforme sur $\left\|\frac{\partial h_k}{\partial t}\right\|_{L^2(0,T,V')}$, nous obtenons alors l'inégalité du lemme 4.

Puisque ϕ est strictement décroissante sur $[0,h_2]$ et de classe C^1 sur $[0,h_2]$, on déduit que ϕ^{-1} est lipschitzienne sur $[0,\mathrm{h}_2]$. Ainsi puisque $0=h_1+\delta\leqslant h\leqslant h_2$, nous avons (grâce au lemme 4):

$$\int_\xi^T (\phi^{-1}\circ\phi(h_k(\cdot,t))-\phi^{-1}\circ\phi(h_k(\cdot,t-\xi)),\phi(h_k(\cdot,t))-\phi(h_k(\cdot,t-\xi)))\mathrm{d}t \leqslant C\cdot\xi$$

alors

$$\int_\xi^T (\phi(h_k(\cdot,t))-\phi(h_k(\cdot,t-\xi)),\phi(h_k(\cdot,t))-\phi(h_k(\cdot,t-\xi)))\mathrm{d}t \leqslant C\cdot\xi$$

puisque $\|\nabla\phi(h_k)\|_{L^2(\Omega_T)}^2 \leqslant C$, on déduit que $\phi(h_k)$ converge fortement vers $\phi(h)$ dans $L^2(\Omega_T)$.

En extrayant si nécessaire une sous-suite de (ϵ_k) toujours notée (ϵ_k), nous pouvons dire que:

$\exists u,v\in W(0,T)$, tels que

$$u_k \to u, \text{dans } L^2(\Omega_T), \tag{2.35}$$

$$u_k \to u, \text{p. p. } \Omega_T, \tag{2.36}$$

$$\partial_t u_k \rightharpoonup \partial_t u, \text{ dans } L^2(0,T,V'), \tag{2.37}$$

$$\Phi(u_k) \rightharpoonup \Phi(u), \text{ dans } L^2(0,T,V), \tag{2.38}$$

$$v_k \rightharpoonup v, \text{ dans } L^2(0,T,V). \tag{2.39}$$

En faisanttender $k \to +\infty$ dans (2. 10)-(2. 13) et en utlisant le Théorème de Lesbesgue, nous obtenons (2. 4)-(2. 5). (2. 6) résulte du fait que $u \in W(0,T) \mapsto u(0) \in H$ est continue.

La démonstration du théorème est terminée.

2. 4 Existence globale dans le cas de l'approche interface diffuse

On considère à présent le modèle correspondant au cas confiné avec l'approche interface diffuse.

Comme précédemment, nous introduisons les fonctions T_s et T_f définies par:

$$T_s(u) = h_2 - u \text{ et } T_f(u) = u, \forall u \in (\delta, h_2)$$

ces fonctions sont étendues continument et par des constantes eu dehors (δ, h_2) où $0<\delta<h_2$. Le système s'écrit alors dans Ω_T.

$$\partial_t h - \nabla \cdot (T_s(h)\nabla h) - \nabla \cdot (\delta_h \nabla h) + \nabla \cdot (T_s(h)\nabla f) = -\tilde{Q}_s T_s(h), \tag{2.40}$$

$$-\nabla \cdot (h_2 \nabla f) + \nabla \cdot (T_s(h)\nabla f) = \tilde{Q}_s T_s(h) + \tilde{Q}_f T_f(h). \tag{2.41}$$

Le système (2. 40)-(2. 41) est complété par les conditions initiales et aux frontières:

$$h = h_D, \ f = f_D \text{ dans } (0,T)\times\Omega, \tag{2.42}$$

$$h(0,x) = h(x) \text{ dans } \Omega$$

avec les conditions de compatibilité $h_0(x) = h_D(0,x)$, $\forall x \in \Gamma$.

Les termes sources $\tilde{Q}_s$ et $\tilde{Q}_f$ sont des fonctions données de $L^2(0,T;H)$ telles que $\tilde{Q}_s<0$.

Les fonctions h_D et f_D appartiennent à l'espace $L^2(0,T;H^1(\Omega)) \cap H^1(0,T;$

$(H^1(\Omega))'$) tandis que les function h_0 est une fonction de $H^1(\Omega)$. Finalement nous supposons qui les données initiales et aux frontières satisfont les conditions physiquement réalistes de hiérarchie:

$0 \leqslant h_D \leqslant h_2$, $p.p.$ dans$(0,T)\times\Omega$, $0 \leqslant h_0 \leqslant h_2$, $p.p.$ dans Ω

Nous établissons alors le résultat suivant d'existence:

Théorème 4: $\forall T>0$, le problème (2.40)-(2.41) admet une solution faible (h, f) satisfaisant $(h-h_D, f-f_D) \in W(0,T)\times L^2(0,T;H_0^1(\Omega))$. De plus, le principe suivant de maximum est valide:

$$\delta \leqslant h(t,x) \leqslant h_2 \text{ pour presque tout } x \in \Omega \text{ et pour tout } t \in (0,T)$$

Nous allons présenter la stratégie de la preuve. La première étape consiste en l'utilisation du théorème de point fixe de Schauder qui établiera un résultat pour un problème tronqué auxiliaire. Nous montrons que l'application impliquée dans le théorème du point fixe est continue dans $L^2(0,T;H^1(\Omega))$, puis nous montrons que la solution tronquée satisfait le principe du maximum annoncé dans le théorème et finalement nous établissons des estimations uniformes suffisantes pour lever la troncature.

Preuve: Soit une constante M>0, qu'on précisera plus tard. Pour tout $x \in \mathbb{R}_+^*$, on pose $L_M(x)=\min\left(1,\dfrac{M}{x}\right)$. Pour tout $(g,g_1) \in [L^\infty(0,T;H^1(\Omega))]^2$, on pose $d(g,g_1) = -T_s(g)L_M(\|\nabla g_1\|_{L^2(\Omega_T)\times L^2(\Omega_T)})\nabla g_1$, on a $\|d(g,g_1)\|_{L^\infty(0,T;H)} = \sup_{t\in(0,T)} \|T_s(g)L_M(\|\nabla g_1\|_{L^2(\Omega_T)\times L^2(\Omega_T)})\nabla g_1\|_H \leqslant Mh_2$.

Pour la stratègie du point fixe, nous définissons l'application $\mathcal{F}$ par

$$\mathcal{F}: L^2(0,T;H^1(\Omega))\times L^2(0,T;H^1(\Omega)) \to L^2(0,T;H^1(\Omega))\times L^2(0,T;H^1(\Omega))$$
$$(\bar{h},\bar{f}) \to \mathcal{F}(\bar{h},\bar{f}) = (\mathcal{F}_1(\bar{h},\bar{f})=h, \mathcal{F}_2(\bar{h},\bar{f})=f),$$

où le couple (h, f) est solution du problème variationnel suivant:

$$\int_0^T \langle \partial_t h, w\rangle_{V,V'}\,dt + \int_{\Omega_T} \delta_h \nabla h\cdot\nabla w + \int_{\Omega_T} \tilde{Q}_s T_s(\bar{h}) w\,dxdt +$$
$$\int_{\Omega_T} T_s(\bar{h})(\nabla h\cdot\nabla w - L_M(\|\nabla\bar{f}\|_{L^2(\Omega_T)})\nabla\bar{f}\cdot\nabla w)\,dxdt = 0 \tag{2.43}$$

$$\int_{\Omega_T} h_2 \nabla f\cdot\nabla w\,dxdt - \int_{\Omega_T} T_s(\bar{h})\cdot\nabla h\cdot\nabla w\,dxdt - \int_{\Omega_T} (\tilde{Q}_s T_s(\bar{h}) + \tilde{Q}_f T_f(\bar{h}))w\,dxdt$$
$$= 0 \tag{2.44}$$

pour tout $w \in V$.

Nous savons grâce à la théorie classique pour les équations paraboliques que le système variationnel linéaire (2.43)-(2.44) admet une unique solution. Nous allons à present démontrer les différentes étapes de la stratégie du point fixe pour l'application $\mathcal{F}$.

Continuité de $\mathcal{F}_1$:

Soit $\overline{h^n}, \overline{f^n}$) une suite de fonctions de $L^2(0,T;H^1(\Omega))\times L^2(0,T;H^1(\Omega))$ et $(\bar{h},\bar{f})$ un couple de fonctions de $L^2(0,T;H^1(\Omega))\times L^2(0,T;H^1(\Omega))$ tel que

$$(\overline{h^n}, \overline{f^n})\to(\bar{h},\bar{f}) \text{ dans } L^2(0,T;H^1(\Omega))\times L^2(0,T;H^1(\Omega)).$$

On pose $h_n=\mathcal{F}_1(\overline{h^n},\overline{f^n})$ *et* $h=\mathcal{F}_1(\bar{h},\bar{f})$, *montrons qu'alors* $h_n\to h$ *dans* $L^2(0,T;H^1(\Omega))$.

$\forall n\in\mathbb{N}$, h_n satisfait (2.43). Prenons $w=h_n-h_D$ dans (2.43), nous obtenons

$$\int_0^T\langle\partial_t(h_n-h_D),h_n-h_D\rangle_{V',V}\,dt+\int_{\Omega_T}(\delta_h+T_s(\overline{h^n}))\nabla h_n\cdot\nabla h_n dxdt$$

$$=\int_{\Omega_T}[T_s(\overline{h^n})L_M(\|\nabla\overline{f^n})\|_H)\nabla\overline{f^n})\cdot\nabla(h_n-h_D)-\tilde{Q}_sT_s(\overline{h^n})(h_n-h_D)]dxdt$$

$$-\int_0^T\langle\partial_t h_D,h_n-h_D\rangle_{V',V}\,dt+\int_{\Omega_T}(\delta_h+T_s(\overline{h^n}))\nabla h\cdot\nabla h_D dxdt$$

Puisque (h_n-h_D) appartient à $L^2(0,T,V)\cap H^1(0,T,V')$ donc aussi à $C(0,T,L^2(\Omega))$, on peut écrire grâce au lemme de Mignot :

$$\int_0^T\langle\partial_t(h_n-h_D),h_n-h_D\rangle_{V',V}\,dt=\frac{1}{2}\|h^n(\cdot,T)-h_D\|_H^2-\frac{1}{2}\|h_0-h_{D\,|\,t=0}\|_H^2$$

Par ailleurs

$$\int_{\Omega_T}(\delta_h+T_s(\overline{h^n}))\nabla h_n\cdot\nabla h_n dxdt\geqslant\delta\|\nabla h_n\|_{L^2(0,T;H)}^2.$$

En appliquant les inégalités de Cauchy-Schwarz et de Young, on obtient $\forall\epsilon>0$

$$\left|\int_{\Omega_T}(\delta_h+T_s(\overline{h^n}))\nabla h_n\nabla h_D\right|\leqslant(\delta_h+h_2)\|\nabla h_n\|_{L^2(0,T;H)}\|h_D\|_{L^2(0,T;H)}$$

$$\leqslant\frac{\epsilon}{2}\|\nabla h_n\|_{L^2(0,T;H)}^2+\frac{(\delta_h+h_2)^2}{2\epsilon}\|\nabla h_D\|_{L^2(0,T;H)}^2$$

$$\left|\int_{\Omega_T}T_s(\overline{h^n})L_M(\nabla\overline{f^n})_{H\times H})\nabla\overline{f^n})\cdot\nabla h_n\right|\leqslant\sqrt{T}\|d(\overline{h^n},\overline{f^n})\|_{L^\infty(0,T,H)}\|\nabla h_n\|_{L^2(0,T,H)}$$

on a posé $d(\overline{h^n},\overline{f^n})=-T_s(\overline{h^n})L_M(\|\nabla\overline{f^n})\|_{H\times H})\nabla\overline{f^n})$.

Nous avons

$$\|\mathrm{d}(\overline{h^n},\overline{f^n})\|_{L^\infty(0,T,H)}=\sup_{t\in(0,T)}\|T_s(\overline{h^n})L_M(\|\nabla\overline{f^n})\|_{H\times H})\nabla\overline{f^n}\|_H\leqslant Mh_2, \tag{2.45}$$

donc

$$\left|\int_{\Omega_T}T_s(\overline{h^n})L_M(\|\nabla\overline{f^n}\|_{H\times H})\ \nabla\overline{f^n}\cdot\nabla h_n\right|\leqslant\sqrt{T}Mh_2\|\nabla h_n\|_{L^2(0,T,H)}$$

$$\leqslant\frac{M^2T}{2\epsilon}h_2^2+\frac{\epsilon}{2}\|\nabla h_n\|^2_{L^2(0,T,H)}.$$

De plus

$$\left|\int_{\Omega_T}T_s(\overline{h^n})L_M(\|\nabla\overline{f^n}\|_{H\times H})\ \nabla\overline{f^n}\cdot\nabla h_D\right|\leqslant\sqrt{T}Mh_2\|\nabla h_D\|_{L^2(0,T,H^1)}.$$

Finalement nous avons

$$\left|\int_0^T\langle\partial_t h_D,h_n-h_D<_{V',V}\mathrm{d}t\right|\leqslant\frac{1}{2\delta h}\|\partial_t h_D\|_{L^2(0,T,(H^1(\Omega))')}+\frac{\delta_h}{2}\|h_n\|^2_{L^2(0,T,H)}$$

$$+\frac{1}{2}\|h_D\|^2_{L^2(0,T,H)}$$

et

$$\left|\int_{\Omega_T}Q_sT_s(\overline{h^n})(h_n-h_D)\mathrm{d}x\mathrm{d}t\right|\leqslant\frac{\|Q_s\|^2_H}{2}h_2^2+\frac{1}{2}\|h_n-h_D\|^2_{L^2(0,T,H)}.$$

Nous obtenons après simplification

$$\frac{1}{2}\|h_n(\cdot,T)-h_D\|^2_H+\left(\frac{\delta}{2}-\epsilon\right)\|\nabla h_n\|^2_{L^2(0,T;H)}\leqslant$$

$$\frac{1}{2}\|h_0-h_{D\mid t=0}\|^2_H+\left(\frac{\|Q_s\|^2_H}{2}+\frac{M^2T}{2\epsilon}\right)h_2^2+\frac{(\delta_h+h_2)^2}{2\epsilon}\|h_D\|_{L^2(0,T;H^1)}$$

$$+\frac{1}{2\delta_h}\|\partial_t h_D\|^2_{L^2(0,T;(H^1(\Omega))')}+\frac{1}{2}\int_0^T\|h_n-h_D\|^2_H\mathrm{d}t$$

$$+\frac{\delta}{2}\int_0^T\|h_n\|^2_H\mathrm{d}t+Mh_2\sqrt{T}\|h_D\|_{L^2(0,T;H^1)}+\frac{1}{2}\|\nabla h_D\|^2_{L^2(0,T;H)}.$$

On choisit ϵ tel que $\frac{\delta_h}{2}-\epsilon\geqslant\epsilon_0\geqslant0$.

Le précédente relation nous permet de conclure grâce au lemme de Gronwall, qu'il existe 2 réels $A_M(\delta_h,h_0,h_D,h_2,Q_s,M,t)$ et $B_M(\delta_h,h_0,h_D,h_2,Q_s,M,t)$ dépendant seulement des données du problème tels que

$$\|h_n\|_{L^\infty(0,T,H)}\leqslant A_M\ et\ \|h_n\|_{L^2(0,T,H^1)}\leqslant B_M \tag{2.46}$$

Donc la suite $(h_n)_{n\in\mathbb{N}}$ est uniformément bornée dans $L^2(0,T,H^1(\Omega))\cap L^\infty(0,T,H)$. L'estimation dans $L^\infty(0,T,H)$ est justifiée par le fait que nous pouvons faire le même calcul en remplaçant T par tout $t\leqslant T$ dans l'intégrale par rapport au temps. On pose alors $C_M=\max(A_M,B_M)$.

Maintenant, nous allons établir que $(\partial_t(h_n-h_D))_n$ est bornée dans $L^2(0,T,V')$.

$$\|\partial t(h_n-h_D)\|_{L^2(0,T,V')}$$

$$=\sup_{\|\omega\|_{L^2(0,T;V)}\leqslant 1}\left|\int_0^T\langle\partial_t(h_n-h_D),w\rangle_{V',V}\right|$$

$$=\sup_{\|\omega\|_{L^2(0,T;V)}\leqslant 1}\left|\int_0^T-\langle\partial_t h_D,w\rangle_{V',V}\,\mathrm{d}t\right.$$

$$-\int_{\Omega_T}[(\delta_h+T_s(\overline{h^n}))\nabla h_n\cdot\nabla w-T_s(\overline{h^n})L_M(\|\nabla\overline{f^n}\|_{H\times H})\nabla\overline{f^n}\cdot\nabla w$$

$$\left.-Q_sT_s(\overline{h^n})w]\,\mathrm{d}x\mathrm{d}t\right|$$

puisque

$$\left|\int_{\Omega_T}(\delta_h+T_s(\overline{h^n}))\nabla h_n\cdot\nabla w\right|\leqslant(\delta_h+h_2)\|h_n\|_{L^2(0,T;H^1(\Omega))'}\|w\|_{L^2(0,T;V)},$$

et puisque h_n est uniformément bornée dans $L^2(0,T;H^1(\Omega))$, on écrit

$$\left|\int_{\Omega_T}(\delta_h+T_s(\overline{h^n}))\nabla h_n\cdot\nabla w\right|\leqslant(\delta_h+h_2)C_M\|w\|_{L^2(0,T;V)},$$

de plus,

$$\left|\int_{\Omega_T}T_s(\overline{h^n})L_M(\|\nabla\overline{f^n}\|)_{L^2(\Omega_T)\times L^2(\Omega_T)})\nabla\overline{f^n}\cdot\nabla w\,\mathrm{d}x\mathrm{d}t\right|\leqslant Mh_2\|w\|_{L^2(0,T,V)}$$

En rassemblant les précédentes estimations, nous concluons que

$$\|\partial_t(h_n-h_D)\|_{L^2(0,T,V')}\leqslant D_M,$$

où $D_M=\|\partial_t h_D\|_{L^2(0,T;(H^1(\Omega))')}+\delta_h C_M+h_2(C_M+M\sqrt{T}+\|Q_s\|_H)$.

Nous venons de prouver que $(h_n)_n$ est uniformément bornée dans l'espace $L^2(0,T;H^1(\Omega))\cap H^1(0,T;V')$.

En utilisant le lemme d'Aubin, nous extrayons une suite, non renommée pour simplifier, $(h_n)_{n\in\mathbb{N}}$ convergeant fortement dans $L^2(\Omega_T)$ et faiblement dans $L^2(0,T;H^1(\Omega))\cap H^1(0,T;V')$ vers une limite notée l.

En utilisant en particulier la convergence forte dans $L^2(\Omega_T)$ et donc la convergence p.p. dans Ω, nous vérifions que l est une solution de l'équation de (2.43). La solution de (2.43) étant unique, donc $l=h$.

Il reste à prouver que $(h_n)_{\mathbb{N}}$ tend vers h fortement dans $L^2(0,T;H^1(\Omega))$.

En soustrayant la formulation faible (2.44) à sa version avec h_n et en prenant $w = h_n - h$, nous obtenons:

$$\int_0^T \langle \partial_t(h_n - h), h_n - h \rangle_{V',V} \mathrm{d}t$$

$$+ \int_{\Omega_T} (\delta_h + T_s(\overline{h^n})) \nabla(h_n - h) \cdot \nabla(h_n - h) \mathrm{d}x\mathrm{d}t$$

$$+ \int_{\Omega_T} [T_s(\overline{h^n}) L_M(\|\nabla \overline{f^n}\|_{L^2(\Omega_T) \times L^2(\Omega_T)}) \nabla \overline{f^n}$$

$$- T_s(\bar{h}) L_M(\|\nabla \bar{f}\|_{L^2(\Omega_T) \times L^2(\Omega_T)}) \nabla \bar{f}] \nabla(h_n - h) \mathrm{d}x\mathrm{d}t$$

$$- \int_{\Omega_T} (T_s(\overline{h^n}) - T_s(\bar{h})) \nabla(h_n - h) \cdot \nabla h \mathrm{d}x\mathrm{d}t$$

$$+ \int_{\Omega_T} Q_s(T_s(\overline{h^n}) - T_s(\bar{h}))(h_n - h) \mathrm{d}x\mathrm{d}t = 0 \quad (2.47)$$

or

$$(\overline{h^n}, \overline{f^n}) \to (\bar{h}, \bar{f}) \ (n \to +\infty) \text{ dans } L^2(0,T;H^1(\Omega)) \times L^2(0,T;H^1(\Omega))$$

En utilisant les précédents résultats de convergence pour h_n, la limite de (2.47) lorsque $n \to +\infty$, donne:

$$\lim_{n \to +\infty} \left(\int_{\Omega_T} (\delta_h + T_s(\overline{h^n})) \nabla(h_n - h) \cdot \nabla(h_n - h) \mathrm{d}x\mathrm{d}t \right) = 0,$$

donc $\nabla h_n \to \nabla h$ fortement $L^2(0,T;H)$.

Ce qui achéve la preuve de la continuité de $\mathcal{F}_1$ pour la topologie forte de $L^2(0,T;H^1(\Omega))$.

Continuité de $\mathcal{F}_2$:

Nous établissons la continuité de $\mathcal{F}_2$ en posant $f_n = \mathcal{F}_2(\overline{h^n}, \overline{f^n})$ et $f = \mathcal{F}_2(\bar{h}, \bar{f})$ et en montrant que $f_n \to f$ dans $L^2(0,T;H^1(\Omega)$. Les estimations **clefs** sont obtenues en utilisant le même type d'argument que dans la preuve de la continuité de $\mathcal{F}_1$. Nous soulignons que nous allons utiliser les estimations uniformes obtenues pour (h_n), (2.46), pour établir que

$$\|f_n\|_{L^2(0,T;H^1)} \leqslant F_M = F_M(\delta_h, f_D, h_2, Q_s, Q_f, M, C_M, T).$$

Nous extrayons une suite non renommée pour simplifier, $(f_n)_{n\in\mathbb{N}}$, convergeant faiblement dans $L^2(0,T;H^1(\Omega))$ vers une limite $f_l \in L^2(0,T;H^1(\Omega))$.

En utilisant les précédentes convergences établies pour la suite (h_n) et la convergence faible de (f_n), on peut passer à la limite, et donc vérifier que f_l est une solution de l'équation (2.44).

La solution de (2.44) étant unique, nous avons donc établi que $f_l=f$.

Il nous reste à prouver que f_n tends vers f fortement dans $L^2(0,T;H^1(\Omega))$.

En soustrayant la formulation faible de (2.44) à sa version avec f_n et en prenant $w=f_n-f$, nous obtenons:

$$\int_{\Omega_T} h_2(\nabla(f_n-f))^2 \mathrm{d}x\mathrm{d}t - \int_{\Omega_T}(T_s(\overline{h^n})-T_s(\bar{h}))\nabla h\cdot\nabla(f_n-f)\mathrm{d}x\mathrm{d}t$$

$$-\int_{\Omega_T} T_s(\overline{h^n})\nabla(h_n-h)\cdot\nabla(f_n-f)\mathrm{d}x\mathrm{d}t - \int_{\Omega_T} Q_s(T_s(\overline{h^n})-T_s(\bar{h}))(f_n-f)\mathrm{d}x\mathrm{d}t$$

$$-\int_{\Omega_T} Q_f(T_f(\overline{h^n})-T_f(\bar{h}))(f_n-f)\mathrm{d}x\mathrm{d}t = 0 \qquad (2.48)$$

Donc

$$\int_{\Omega_T} |\nabla(f_n-f)|^2 \mathrm{d}x\mathrm{d}t - \int_{\Omega_T}(T_s(\overline{h^n})-T_s(\bar{h}))\nabla h\cdot\nabla(f_n-f)\mathrm{d}x\mathrm{d}t$$

$$-\int_{\Omega_T} Q_s(T_s(\overline{h^n})-T_s(\bar{h}))(f_n-f)\mathrm{d}x\mathrm{d}t - \int_{\Omega_T} Q_f(T_f(\overline{f^n})-T_f(\bar{h}))(f_n-f)\mathrm{d}x\mathrm{d}t$$

$$\leqslant \int_{\Omega_T}\frac{h_2}{2}|\nabla(h_n-h)|^2\mathrm{d}x\mathrm{d}t + \int_{\Omega_T}\frac{h_2}{2}|\nabla(f_n-f)|^2\mathrm{d}x\mathrm{d}t,$$

c'est-à-dire:

$$\int_{\Omega_T}\frac{h_2}{2}|\nabla(f_n-f)|^2\mathrm{d}x\mathrm{d}t - \int_{\Omega_T}(T_s(\overline{h^n})-T_s(\bar{h}))\nabla h\cdot\nabla(f_n-f)\mathrm{d}x\mathrm{d}t$$

$$-\int_{\Omega_T}(Q_s+Q_f)(T_s(\overline{h^n})-T_s(\bar{h}))(f_n-f)\mathrm{d}x\mathrm{d}t \leqslant \int_{\Omega_T}\frac{h_2}{2}|\nabla(h_n-h)|^2\mathrm{d}x\mathrm{d}t.$$

En passant à la limite quand $n\to+\infty$ dans l'inégalité précédente, on conclut que f_n tend fortement vers f dans $L^2(0,T;H^1(\Omega))$.

Conclusion: $\mathcal{F}$ est continue dans $L^2(0,T;H^1(\Omega))\times L^2(0,T;H^1(\Omega))$ car ses 2 composantes le sont.

De plus posons $A\in\mathbb{R}_+$ un réel tel que $A=\max(C_M,D_M)$, et W un ensemble convexe borné fermé non vide de $(L^2(0,T;H^1(\Omega)))^2$ défini par:

$$W=\{(g,g_1)\in W_1(0,T)=[L^2(0,T;H^1(\Omega))\cap H^1(0,T;V')]\times L^2(0,T;H^1(\Omega));$$
$$g(0)=h_0,g_{1\mid\Gamma}=f_D,g_{\mid\Gamma}=h_D,\|(g,g_1)\|_{W_1(0,T)}\leqslant A\}.$$

On vient de montrer que $\mathcal{F}(W)\subset W$. Il suit du théorème de Schauder qu'il existe $(h,f)\in W$ tel que $\mathcal{F}(h,f)=(h,f)$. Ce point fixe de $\mathcal{F}$ est une solutionfaible du problème (2.40)-(2.41).

Etape 2. Principe du maximum

Nous allons montrer que pour presque tout $x\in\Omega$ et pour tout $t\in(0,T)$,

$$\delta\leqslant h(t,x)\leqslant h_2. \tag{2.49}$$

Montrons dans un premier temps que $h(t,x)\leqslant h_2$ pour presque tout $x\in\Omega$ et $\forall t\in(0,T)$.

On introduit $u_m=|h-h_2|^+=\sup(0,h-h_2)\in L^2(0,T;V)$ car $h_D\leqslant h_2$.

Il satisfait $\nabla u_m=\chi_{h>h_2}\nabla h$ et $u_m(t,x)\neq 0$ si et seulement si $h(t,x)>h_2$, où χ dénote la fonction caractéristique.

Soit $\tau\in(0,T)$.

On prend $w(t,x)=u_m(t,x)\chi_{(0,\tau)}(t)$ dans (2.43), ce qui donne:

$$\int_0^T\langle\partial_t h,u_m\chi_{(0,\tau)}\rangle_{V',V}\,dt+\int_{\Omega_t}\delta_h\nabla h\cdot\nabla u_m\mathrm{d}x\mathrm{d}t$$
$$+\int_{\Omega_t}[T_s(h)(\nabla h\cdot\nabla u_m+L_M(\|\nabla f\|_{H\times H})\nabla f\cdot\nabla u_m)+\tilde{Q}_sT_s(h)u_m]\mathrm{d}x\mathrm{d}t=0$$

donc

$$\frac{1}{2}\int_\Omega[u_m^2(\tau,x)-u_m^2(0,x)]\mathrm{d}x+\int_{\Omega_\tau}\{|\nabla h|^2\chi_{\{h>h_2\}}(\delta_h+T_s(h))\}\mathrm{d}x\mathrm{d}t$$
$$+\int_{\Omega_\tau}(T_s(h)L_M(\|\nabla f\|_{H\times H})\nabla f\cdot\nabla u_m(t,x)+\tilde{Q}_sT_s(h)u_m(t,x))\mathrm{d}x\mathrm{d}t=0 \tag{2.50}$$

Par aillieurs $u_m(0,\cdot)=(h_0(\cdot)-h_2(\cdot))^+=0$ et puisque $T_s(h)\chi_{\{h>h_2\}}=0$ par définition de T_s, (2.50) se réduit à:

$$\frac{1}{2}\int_\Omega u_m^2(\tau,x)\mathrm{d}x+\int_{\Omega_\tau}\chi_{\{h>h_2\}}\delta_h|\nabla h|^2\mathrm{d}x\mathrm{d}t=0,$$

ainsi,

$$\frac{1}{2}\int_{\Omega} u_m^2(\tau,x)\,\mathrm{d}x \leqslant -\int_{\Omega_T} \chi_{\{h>h_2\}}\delta_h |\nabla h|^2 \mathrm{d}x\mathrm{d}t \leqslant 0,$$

et donc,

$u_m = 0$ presque pourtout dans Ω_T et donc $h(t,x) \leqslant h_2$ p. p. dans Ω_T.

Nous allons à présent prouver que $\delta \leqslant h(t,x)$ pour presque tout $x \in \Omega$ et $\forall\, t \in (0,T)$.

Nous posons maintenant $u_m = (h-\delta)^- \in L^2(0,T;V)$, alors $\nabla u_m = \nabla h \chi_{\{h<\delta\}}$.

Prenons $w = u_m$ dans (2.40) et $w = \dfrac{h_2-\delta}{h_2} L_M(\|\nabla f\|_{H\times H})\, u_m$ dans (2.41) et ajoutons les 2 équations, on obtient:

$$\begin{aligned}
&\int_0^T \langle \partial_t, u_m \rangle_{V',V}\,\mathrm{d}t + \int_{\Omega_T} (\delta_h + T_s(h))\, \nabla h \cdot \nabla u_m \mathrm{d}x\mathrm{d}t \\
&- \int_{\Omega_T} T_s(h) L_M(\|\nabla f\|_{H\times H})\, \nabla f \cdot \nabla u_m \\
&+ \int_{\Omega_T} (h_2 - \delta) L_M(\|\nabla f\|_{H\times H})\, \nabla f \cdot \nabla u_m \mathrm{d}x\mathrm{d}t \\
&- \int_{\Omega_T} T_s(h)\, \frac{h_2 - \delta}{h_2} L_M(\|\nabla f\|_{H\times H})\, \nabla h \cdot \nabla u_m \\
&+ \int_{\Omega_T} \Bigg\{ \tilde{Q}_s T_s(h) \left(1 - \frac{h_2 - \delta}{h_2} L_M(\|\nabla f\|_{H\times H})\right) u_m \\
&- \tilde{Q}_f T_f(h)\, \frac{h_2 - \delta}{h_2} L_M(\|\nabla f\|_{H\times H})\, u_m \Bigg\}\, \mathrm{d}x\mathrm{d}t = 0
\end{aligned}$$

Compte tenu du fait que $T_s(h)\chi_{\{h<\delta\}} = h_2 - \delta$ et $u_m = (0,\ \cdot\ ) = [h_0(\ \cdot\ ) - \delta]^- = 0$, la précédente équation se simplifie en:

$$\begin{aligned}
&\frac{1}{2}\int_{\Omega} u_m^2(\tau,x)\,\mathrm{d}x + \int_{\Omega_T} \chi_{\{h<\delta\}} \delta_h |\nabla h|^2 \mathrm{d}x\mathrm{d}t \\
&+ \int_{\Omega_T} (h_2 - \delta)\left(1 - \frac{h_2 - \delta}{h_2} L_M(\|\nabla f\|_{H\times H}))\right) \chi_{\{h<\delta\}} |\nabla h|^2 \mathrm{d}x\mathrm{d}t \\
&- \int_{\Omega_T} (h - \delta)\left(-\tilde{Q}_s (h_2 - \delta)\left(1 - \frac{h_2 - \delta}{h_2} L_M(\|\nabla F\|_{H\times H})\right)\right) \chi_{\{h<\delta\}} \\
&+ \tilde{Q}_f T_f(h)\, \frac{h_2 - \delta}{h_2} L_M(\|\nabla f\|_{H\times H})))\chi_{\{h<\delta\}})\,\mathrm{d}x\mathrm{d}t = 0.
\end{aligned}$$

Par définition de $T_f(h)$, $T_f(h)\chi_{\{h<\delta\}}=0$, donc en supposant que $\tilde{Q}_s<0$, il résulte de la précédent équation que $\frac{1}{2}\int_{\Omega} u_m^2(\tau,x)\,\mathrm{d}x \leqslant 0$ et donc $u_m=0$, presque partout dans Ω_T.

Ainsi $\delta \leqslant h(t,x)$ p. p. dans Ω.

Etape 3: Elimation de la fonction auxiliaire L_M

Nous allons à present démontrer qu'il existe un réel M' > 0 ne dépandent ni de ϵ, ni de M, tel que, toute solution (h, f) du problème (2.40)-(2.41) satisfait

$$\|\nabla h\|_{L^2(0,T;H)} \leqslant M' \text{ et} \|\nabla f\|_{L^2(0,T;H)} \leqslant M'.$$

Prenons $w=h-h_D$ (resp. $w=f-f_D$) dans (2.40) (resp. (2.41)) donne:

$$\int_0^T \langle \partial_t h, h-h_D\rangle_{V',V}\,\mathrm{d}t + \int_{\Omega_T}(\delta+T_s(h))\,\nabla h\cdot\nabla(h-h_D)\,\mathrm{d}x\mathrm{d}t$$

$$= \int_{\Omega_T} T_s(h)L_M(\|\nabla f\|_{H\times H})))\,\nabla f\cdot\nabla(h-h_D)\,\mathrm{d}x\mathrm{d}t - \int_{\Omega_T}\tilde{Q}_s T_s(h)(h-h_D)\,\mathrm{d}x\mathrm{d}t,$$

et

$$\int_{\Omega_T} h_2(\nabla f\cdot\nabla(f-f_D))\,\mathrm{d}t - \int_{\Omega_T} T_s(h)\,\nabla h\cdot\nabla(f-f_D)\,\mathrm{d}x\mathrm{d}t$$

$$= \int_{\Omega_T}(\tilde{Q}_s T_s(h)(f-f_D) + \tilde{Q}_f T_f(h)(f-f_D))\,\mathrm{d}x\mathrm{d}t.$$

En sommant les 2 équations, nous obtenons:

$$\frac{1}{2}\int_{\Omega}[(h-h_D)^2(\tau,x)-(h-h_D)^2(0,x)]\,\mathrm{d}x + \int_{\Omega_T}\delta|\nabla h|^2\mathrm{d}x\mathrm{d}t$$

$$+\int_{\Omega_T} T_s(h)\,|\nabla(h-f)|^2\mathrm{d}x\mathrm{d}t$$

$$+\int_{\Omega_T}(h_2-T(h))\,|\nabla f|^2\mathrm{d}x\mathrm{d}t + \int_{\Omega_T} T_s(h)(1-L_M(\|\nabla f\|_{H\times H}))\,|\nabla h|^2\mathrm{d}x\mathrm{d}t$$

$$= \mathrm{in}\overset{T}{\underset{0}{\mathrm{f}}}\langle \partial_t h_D, h-h_D\rangle_{V',V}\mathrm{d}t + \int_{\Omega_T} T_s(h)(1-L_M(\|\nabla f\|_{H\times H}))\,\nabla h\cdot\nabla(h-f)\,\mathrm{d}x\mathrm{d}t$$

$$+\int_{\Omega_T}\delta\,\nabla h\cdot\nabla h_D\,\mathrm{d}x\mathrm{d}t + \int_{\Omega_T} T_s(h)\cdot\nabla(h-f)\cdot\nabla h_D\,\mathrm{d}x\mathrm{d}t$$

$$+\int_{\Omega_T} T_s(h)(1-L_M(\|\nabla f\|_{H\times H}))\,\nabla f\cdot\nabla h_D\,\mathrm{d}x\mathrm{d}t + \int_{\Omega_T}(T_s(h)-h_2)\,\nabla f\cdot\nabla f_D\,\mathrm{d}x\mathrm{d}t$$

$$+\int_{\Omega_T} T_s(h)\,\nabla(h-f)\cdot\nabla f_D\,\mathrm{d}x\mathrm{d}t - \int_{\Omega_T} T_s(h)\,\nabla h\cdot\nabla f_D\,\mathrm{d}x\mathrm{d}t$$

$$+\int_{\Omega_T}\tilde{Q}_sT_s(h)[(f-h)+(h_D-f_D)]\mathrm{d}x\mathrm{d}t+\int_{\Omega_T}\tilde{Q}_fh(f-f_D)\mathrm{d}x\mathrm{d}t$$

$$=I_1+I_2+I_3+I_4+I_5+I_6+I_7+I_8+I_9+I_{10}$$

$$|I_1|\leqslant\|\partial_th_D\|_{L^2(0,T,V')}\|h-h_D\|_{L^2(0,T,V)}$$

$$\leqslant\|\partial_th_D\|_{L^2(0,T,V')}(\|\nabla h\|_{L^2(0,T;L^2(\Omega))}+\|\nabla h_D\|_{L^2(0,T;L^2(\Omega))}),$$

$$|I_2|\leqslant\Big(\int_{\Omega_T}T_s(h)(1-L_M(\|\nabla f\|_{H\times H}))|\nabla h|^2\mathrm{d}x\mathrm{d}t\Big)^{1/2}\times\Big(\int_{\Omega_T}T_s(h)|\nabla(h-f)|^2\mathrm{d}x\mathrm{d}t\Big)^{1/2}$$

$$\leqslant\frac{1}{2}\Big(\int_{\Omega_T}T_s(h)(1-L_M(\|\nabla f\|_{H\times H}))|\nabla h|^2\mathrm{d}x\mathrm{d}t\Big)+\frac{1}{2}\Big(\int_{\Omega_T}T_s(h)|\nabla(h-f)|^2\mathrm{d}x\mathrm{d}t\Big)$$

$$\leqslant\frac{\delta}{6}\|\nabla h\|^2_{L^2(0,T;L^2(\Omega))}+\frac{3}{2\delta}\|\partial_th_D\|^2_{L^2(0,T;V')}+\frac{1}{2}\|\partial_th_D\|^2_{L^2(0,T,V')}\frac{1}{2}\|\nabla h_D\|^2_{L^2(0,T,V')},$$

$$|I_3|\leqslant\delta\Big(\int_{\Omega_T}|\nabla h|^2\mathrm{d}x\mathrm{d}t\Big)^{1/2}\Big(\int_{\Omega_T}|\nabla h_D|^2\mathrm{d}x\mathrm{d}t\Big)^{1/2}$$

$$\leqslant\frac{\delta}{6}\int_{\Omega_T}|\nabla h|^2\mathrm{d}x\mathrm{d}t+\frac{3}{2}\int_{\Omega_T}|\nabla h_D|^2\mathrm{d}x\mathrm{d}t$$

$$|I_4|\leqslant\delta\Big(\int_{\Omega_T}T_s(h)|\nabla(h-f)|^2\mathrm{d}x\mathrm{d}t\Big)^{1/2}\times\sqrt{h_2}\Big(\int_{\Omega_T}|\nabla h_D|^2\mathrm{d}x\mathrm{d}t\Big)^{1/2}$$

$$\leqslant\frac{1}{6}\Big(\int_{\Omega_T}T_s(h)|\nabla(h-f)|^2\mathrm{d}x\mathrm{d}t\Big)+\frac{3}{2}\int_{\Omega_T}|\nabla h_D|^2\mathrm{d}x\mathrm{d}t,$$

$$|I_5|\leqslant\sqrt{h_2}\Big(\int_{\Omega_T}T_s(h)|\nabla(h-f)|^2\mathrm{d}x\mathrm{d}t\Big)^{1/2}$$

$$+\Big(\Big(\int_{\Omega_T}T_s(h)(1-L_M(\|\nabla f\|_{H\times H}))|\nabla h|^2\mathrm{d}x\mathrm{d}t\Big)^{1/2}\Big)\Big(\int_{\Omega_T}|\nabla h_D|^2\mathrm{d}x\mathrm{d}t\Big)^{1/2}$$

$$\leqslant\frac{1}{6}\int_{\Omega_T}T_s(h)|\nabla(h-f)|^2\mathrm{d}x\mathrm{d}t\Big)$$

$$+\frac{1}{6}\int_{\Omega_T}T_s(h)(1-L_M(\|\nabla f\|_{H\times H}))|\nabla h|^2\mathrm{d}x\mathrm{d}t+3h_2\int_{\Omega_T}|\nabla h_D|^2\mathrm{d}x\mathrm{d}t\Big),$$

$$|I_6|\leqslant\sqrt{h_2}\Big(\int_{\Omega_T}(h_2-T_s(h))|\nabla f|^2\mathrm{d}x\mathrm{d}t\Big)^{1/2}\times\Big(\int_{\Omega_T}|\nabla f_D|^2\mathrm{d}x\mathrm{d}t\Big)^{1/2}$$

$$\leqslant\frac{1}{6}\Big(\int_{\Omega_T}(h_2-T_s(h))|\nabla f|^2\mathrm{d}x\mathrm{d}t\Big)+\frac{3h_2}{2}\Big(\int_{\Omega_T}|\nabla f_D|^2\mathrm{d}x\mathrm{d}t\Big),$$

$$|I_7|\leqslant\sqrt{h_2}\Big(\int_{\Omega_T}T_s(h)|\nabla(h-f)|^2\mathrm{d}x\mathrm{d}t\Big)^{1/2}\times\Big(\int_{\Omega_T}|\nabla f_D|^2\mathrm{d}x\mathrm{d}t\Big)^{1/2}$$

$$\leqslant\frac{1}{6}\Big(\int_{\Omega_T}T_s(h)|\nabla(h-f)|^2\mathrm{d}x\mathrm{d}t\Big)+\frac{3h_2}{2}\int_{\Omega_T}|\nabla f_D|^2\mathrm{d}x\mathrm{d}t,$$

$$|I_8| \leqslant h_2\left(\int_{\Omega_T} |\nabla h_D|^2 \mathrm{d}x\mathrm{d}t\right)^{1/2} \times \left(\int_{\Omega_T} |\nabla f_D|^2 \mathrm{d}x\mathrm{d}t\right)^{1/2}$$

$$\leqslant \frac{\delta}{6}\int_{\Omega_T} |\nabla h_D|^2 \mathrm{d}x\mathrm{d}t + \frac{3h_2^2}{2}\int_{\Omega_T} |\nabla f_D|^2 \mathrm{d}x\mathrm{d}t,$$

$$|I_9| \leqslant h_2 \|\tilde{Q}_s\|_{L^2(0,T;H)} (\|h - h_D\|_{L^2(0,T;H)} + \|f - f_D\|_{L^2(0,T;H)})$$

$$\leqslant h_2 \|\tilde{Q}_s\|_{L^2(0,T;H)} (\|h - h_D\|_{L^2(0,T;H)} + C_p \|\nabla(f - f_D)\|_{L^2(0,T;H)})$$

$$\leqslant \frac{h_2}{2}\int_{\Omega_T} (h - h_D)^2 \mathrm{d}x\mathrm{d}t + \frac{h_2}{2} \|\tilde{Q}_s\|^2_{L^2(0,T;H)}$$

$$+ \frac{\delta}{6}\int_{\Omega_T} |\nabla f|^2 \mathrm{d}x\mathrm{d}t + h_2 \|\tilde{Q}_s\|_{L^2(0,T;H)} C_p \|\nabla f_D\| + \frac{3}{\delta} h_2^2 \|\tilde{Q}_s\|_{L^2(0,T;H)},$$

$$|I_{10}| \leqslant h_2 \|\tilde{Q}_s\|_{L^2(0,T;H)} \|f - f_D\|_{L^2(0,T;H)}$$

$$\leqslant + \frac{\delta}{6}\int_{\Omega_T} |\nabla f|^2 \mathrm{d}x\mathrm{d}t + h_2 \|\tilde{Q}_f\|_{L^2(0,T;H)} C_p \|\nabla f_D\| + \frac{3}{\delta} h_2^2 \|\tilde{Q}_f\|_{L^2(0,T;H)}.$$

En rassemblant ces inéqualités et puisque $h \geqslant \delta$ p.p. dans Ω_T, on obtient:

$$\frac{1}{2}\int_{\Omega_T} (h - h_D)^2(\tau, x) \mathrm{d}x + \frac{\delta_h}{2}\int_{\Omega_T} |\nabla h|^2 \mathrm{d}x\mathrm{d}t + \frac{\delta}{2}\int_{\Omega_T} |\nabla f|^2 \mathrm{d}x\mathrm{d}t$$

$$\leqslant \frac{h_2}{2}\int_{\Omega_T} (h - h_D)^2 \mathrm{d}x\mathrm{d}t + \frac{1}{2}\int_{\Omega_T} (h - h_D)^2(0, x) \mathrm{d}x + \left(\frac{3}{2\delta} + \frac{1}{2}\right) \|\partial_t h_D\|_{L^2(0,T;V')}$$

$$+ \left(2 + \frac{9}{2}h_2\right) \|\nabla h_D\|^2_{L^2(0,T;H)} + 3h_2\left(1 + \frac{h_2}{2}\right) \|\nabla f_D\|^2_{L^2(0,T;H)}$$

$$+ h_2 C_p \|\nabla f_D\|_{L^2(0,T;H)} (\|\tilde{Q}_s\|_{L^2(0,T;H)} + \|\tilde{Q}_f\|_{L^2(0,T;H)})$$

$$+ \|\tilde{Q}_s\|^2_{L^2(0,T;H)} h_2\left(\frac{1}{2} + \frac{3}{\delta}h_2\right) + \frac{3}{\delta} h_2^2 \|\tilde{Q}_f\|_{L^2(0,T;H)} := K$$

Ainsi en appliquant le lemme de Gronwall on déduit que:

$$\|h\|_{L^\infty(0,T;H) \cap L^2(0,T,H^1(\Omega))} \leqslant K \text{ et} \|f\|_{L^2(0,T;H)} \leqslant K,$$

et ces estimations ne dépendent pas du choix de M introduit dans la function L_M.

Donc si on choisit $M = M'$, le terme $L_M(\|\nabla f\|_{L^2(0,T;H) \times L^2(0,T;H)})$ peutêtre enlever des équations (2.43)-(2.44).

La preuve du Théoreme est donc terminée.

3 Existence globale en temps de la solution dans le cas d'un aquifère libre

3.1 Introduction

Dans cette partie, nous allons donner la preuve de l'existence globale en temps d'une solution du problème correspondant au cas de l'aquifère libre dans le cas de l'approche interface nette.

Le cas correspondant à l'approche avec interface libre a été traité par C. Choquet, M. M. Diédhiou, C. Rosier en 2015, mais afin de faciliter la lecture de ce document et en particulier de souligner les différences avec le cas interface nette, nous en reproduisons la preuve ici.

En particulier, nous montrons que le terme diffusif supplémentaire est essentiel pour établir un principe du maximum plus naturel d'un point de vue de la physique. Précisément la preuve dans le cas interface diffuse permet d'établir une hiérarchie entre les deux profondeurs des interfaces h et h_1 qu'il est impossible d'obtenir dans le cas de l'approche avec interface nette.

3.2 Existence globale en temps dans le cas de l'interface diffuse

3.2.1 Introduction

Dans cette section, nous donnons la preuve de l'existence d'une solution faible globale en temps du système (1) de notre modèle d'intrusion d'eau de mer dans un aquifère libre sans coefficient d'emmagasinement, nous soulignons que ce résultat a été prouvé par C. Choquet, M. M. Diédhiou, C. Rosier en 2015.

Nous considérons donc le système:

$$(1)\begin{cases}\phi\chi_0(h)\partial_t h-\mathrm{div}(KT_s(h)\chi_0(h_1)\nabla h)-\mathrm{div}(\delta\phi\chi_0(h)\nabla h)\\ -\mathrm{div}(KT_s(h)\chi_0(h_1)\nabla h_1)=-Q_sT_s(h),\\ \phi\chi_0(h_1)\partial_t h_1-\mathrm{div}(K(T_f(h-h_1)+T_s(h))\chi_0(h_1)\nabla h_1)\\ -\mathrm{div}(\delta\phi K\chi_0(h_1)\nabla h_1)-\mathrm{div}(KT_s(h)\chi_0(h_1)\chi_0(h)\nabla h)\\ =-Q_fT_f(h-h_1)-Q_sT_s(h).\end{cases}$$

3.2.2 Enoncé du Théorème 5

Théorème 5: On suppose qu'ils existent deux réels positifs K_- et K_+ tells que:

$0<K_-|\xi|^2\leqslant\sum_{i,j=1,2}K_{i,j}(x)\xi_i\xi_j\leqslant K+|\xi|^2<\infty$, $x\in\Omega,\xi\in R^2$ et $\xi\neq0$.

On suppose de plus une faible hétérogénéité spatiale:

$K_-\leqslant K_+\leqslant 2K_-$.

Alors pour tout $T>0$, le problème (1) admet une solution faible (h,h_1) satisfaisant:

(a) $h-h_D, h_1-h_{1,D}\in W$ sont solutions de (1),

(b) $0\leqslant h_1(t,x)\leqslant h(t,x)\leqslant h_2(t,x)$ pour presque tout x dans Ω et pour tout t dans $(0,T)$.

3.2.3 Démonstration

Nous considérons le système (1) où l'on supprime le terme $\chi_0(h)$ devant $\partial_t h$ ou

∇h et le terme $\mathcal{X}_0(h_1)$ devant $\partial_t h_1$ ou ∇h_1, du fait de la redondance de l'information sur l'inconnue et on garde le terme $\mathcal{X}_0(h_1)$ devant ∇h.

Soient $x^+ := \max(x,0)$, M une constante que nous préciserons plus tard et $\epsilon>0$, on pose:

$$L_M(x) = \min\left(1-\frac{M}{x}\right),$$

$$\chi_0(h_1) = \begin{cases} 0, & \text{si} \quad h_1 \leqslant 0 \\ 1, & \text{si} \quad h_1 > 0 \end{cases}, \chi_0^\epsilon(h_1) = \begin{cases} 0, & \text{si} \quad h_1 \leqslant 0 \\ \dfrac{h_1}{\sqrt{h_1^2+\epsilon}}, & \text{si} \quad h_1 > 0 \end{cases}.$$

On remarque que si: $h_1^\epsilon(h_1) \xrightarrow{\epsilon \to 0} h_1$ presque partout, on a:

$$\begin{cases} \chi_0^\epsilon(h_1^\epsilon) = \dfrac{h_1^\epsilon}{\sqrt{(h_1^\epsilon)^2+\epsilon}} \xrightarrow{\epsilon \to 0} \chi_0(h_1), \textit{presque partout} \\ 0 \leqslant \chi_0^\epsilon(h_1^\epsilon) \leqslant 1. \end{cases}$$

Etape 1: Existence pour le système avec Heaviside régularisée $\chi_0^\epsilon(h_1)$

On introduit la regularization $\mathcal{X}_0^\epsilon$ sur $\mathcal{X}_0$ dans le système et on obtient:

$$(0)\begin{cases} \phi\partial_t h^\epsilon - \mathrm{div}(\delta\phi\, \nabla h^\epsilon) - \mathrm{div}(KT_s(h^\epsilon)\chi_0^\epsilon(h_1^\epsilon)\nabla h^\epsilon) \\ -\mathrm{div}(KT_s(h^\epsilon)\chi_0^\epsilon(h_1^\epsilon)L_M(\|\nabla h_1^\epsilon\|)\nabla h_1^\epsilon) = -Q_s Ts(h^\epsilon) \\ \phi\partial_t h_1^\epsilon - \mathrm{div}(\delta\phi\, \nabla h_1^\epsilon) - \mathrm{div}(K(T_f(h^\epsilon - h_1^\epsilon) + T_s(h^\epsilon)\chi_0^\epsilon(h_1^\epsilon))\nabla h_1^\epsilon) \\ -\mathrm{div}(KT_s(h^\epsilon)\chi_0^\epsilon(h_1^\epsilon)\nabla h^\epsilon) = -Q_f T_f(h^\epsilon - h_1^\epsilon) - Q_s T_s(h^\epsilon) \end{cases}$$

La première étape de la preuve du théorème 1 va être de montrer un résultat d'existence similaire pour le système (0), complété des conditions initiales et aux bords

$$\begin{cases} h^\epsilon = h_D, & h_1^\epsilon = h_{1,D} & \text{sur} \quad \Gamma, \\ h_\epsilon(0,x) = h_0, & h_1^\epsilon(0,x) = h_{1,0}(x) & \text{dans} \quad \Omega. \end{cases}$$

avec $\epsilon > 0$ fixé. Pour alléger les notations, nous allons maintenant omettre la dépendance en ϵ de la solution $(h^\epsilon, h_1^\epsilon)$ et chercher une solution (h, h_1) du système (1):

$$
(1)\begin{cases}
\phi\partial_t h-\mathrm{div}(\delta\phi\nabla h)-\mathrm{div}(KT_s(h)\chi_0^\epsilon(h_1)\nabla h)\\
-\mathrm{div}(KT_s(h)\chi_0^\epsilon(h_1)L_M(\|\nabla h_1\|)\nabla h_1)=-Q_sTs(h)\\
\phi\partial_t h_1-\mathrm{div}(\delta\phi\nabla h_1)-\mathrm{div}(K(T_f(h-h_1)+T_s(h)\chi_0^\epsilon(h_1))\nabla h_1)\\
-\mathrm{div}(KT_s(h)\chi_0^\epsilon(h_1)\nabla h)=-Q_fT_f(h-h_1)-Q_sT_s(h)
\end{cases}
$$

avec

$$
\begin{cases}
h=h_D, & h_1=h_{1,D} \quad \text{sur} \quad \Gamma,\\
h(0,x)=h_0, & h_1(0,x)=h_{1,0}(x) \quad \text{dans} \quad \Omega.
\end{cases}
$$

Remplaçons le nouveau problème (1) par sa formulation variationnelle suivante:

$$
\int_0^T\phi\langle\partial_t h,w\rangle_{V,V'}\mathrm{d}t+\int_0^T\int_\Omega\delta\phi\nabla h\nabla\omega\mathrm{d}x\mathrm{d}t+\int_0^T KT_s(h)\chi_0^\epsilon(h_1)\nabla h\nabla w\,\mathrm{d}x\mathrm{d}t
$$

$$
+\int_0^T\int_\Omega KT_s(h)\chi_0^\epsilon(h_1)L_M(\|\nabla h_1\|_{L^2})\nabla h_1\nabla\omega\mathrm{d}x\mathrm{d}t+\int_0^T\int_\Omega Q_sT_s(h)\omega\mathrm{d}x\mathrm{d}t=0,
$$

$$
\forall\omega\in V=H_0^1(\Omega) \tag{3.1}
$$

$$
\int_0^T\phi\langle\partial_t h_1,w\rangle_{V,V'}\mathrm{d}t+\int_0^T\int_\Omega\delta\phi\nabla h_1\nabla\omega\mathrm{d}x\mathrm{d}t
$$

$$
+\int_0^T K(T_s(h)\chi_0^\epsilon(h_1)+T_f(h-h_1))\nabla h_1\nabla w\,\mathrm{d}x\mathrm{d}t+\int_0^T\int_\Omega KT_s(h)\chi_0^\epsilon(h_1)\nabla h\nabla\omega\mathrm{d}x\mathrm{d}t
$$

$$
+\int_0^T\int_\Omega(Q_sT_s(h)+Q_fT_f(h-h_1))\omega\mathrm{d}x\mathrm{d}t=0,\ \forall\omega\in V=H_0^1(\Omega) \tag{3.2}
$$

Nous utiliserons le théorème de Schauder pour montrer que pour tout T > 0, notre problème admet une solution (h,h_1) dans $W(0,T)\times W(0,T)$ et qui vérifiera les conditions initiales.

Soit $(\bar{h},\overline{h_1})\in L^2(0,T;H^1(\Omega))\times L^2(0,T;H^1(\Omega))$ on définit l'application:

$\mathcal{F}:L^2(0,T;H^1(\Omega))\times L^2(0,T;H^1(\Omega))\to:L^2(0,T;H^1(\Omega))\times L^2(0,T;H^1(\Omega))$

$(\bar{h},\overline{h_1})\mapsto\mathcal{F}((\bar{h},\overline{h_1}))=(\mathcal{F}_1(\bar{h},\overline{h_1})=h,\mathcal{F}_2(\bar{h},\overline{h_1})=h_1)$

Soit (h,h_1) la solution du problème:

$$
\int_0^T\phi\langle\partial_t h,w\rangle_{V,V'}\mathrm{d}t+\int_0^T\int_\Omega\delta\phi\nabla h\nabla\omega\mathrm{d}x\mathrm{d}t+\int_0^T KT_s(\bar{h})\chi_0^\epsilon(\bar{h}_1)\nabla h\nabla w\,\mathrm{d}x\mathrm{d}t
$$

$$
\int_0^T\int_\Omega KT_s(\bar{h})\chi_0^\epsilon(\bar{h}_1)L_M(\|\nabla\bar{h}_1\|_{L^2})\nabla\bar{h}_1\nabla\omega\mathrm{d}x\mathrm{d}t+\int_0^T\int_\Omega Q_sT_s(\bar{h})\omega\mathrm{d}x\mathrm{d}t=0,
$$

$$
\forall\omega\in V=H_0^1(\Omega) \tag{3.3}
$$

$$\int_0^T \phi\langle \partial_t h_1, w\rangle_{V,V'}\, dt + \int_0^T\int_\Omega \delta\phi\, \nabla h_1\, \nabla\omega dxdt$$

$$+ \int_0^T K(T_s(\bar{h})\chi_0^\epsilon(\bar{h}_1) + T_f(\bar{h} - \bar{h}_1))\, \nabla h_1\, \nabla w\, dxdt + \int_0^T\int_\Omega KT_s(\bar{h})\chi_0^\epsilon(\bar{h}_1)\, \nabla h\, \nabla\omega dxdt$$

$$+ \int_0^T\int_\Omega (Q_s T_s(\bar{h}) + Q_f T_f(\bar{h} - \bar{h}_1))\omega dxdt = 0,\ \forall\,\omega \in V = H_0^1(\Omega) \quad (3.4)$$

D'après la théorie parabolique classique de Ladyzenskaya, la solution de ce problème existe car notre système d'équation est linéaire.

On pose:

$\forall\,(g, g_1) \in H^1(\Omega)\times H^1(\Omega),\ d(g, g_1) = -T_s(g)L_M(\|\nabla g_1\|_{L^2})\nabla h_1$

alors,

$$\forall\ (g,(t,x), g_1(t,x)) \in L^2(0,T;H^1(\Omega)) \times L^2(0,T;H^1(\Omega))$$

$$\|d(g,g_1)\|_{L^\infty(0,T,L^2)} = \sup_{t\in(0,T)} \|T_s(g)L_M(\|\nabla g_1\|_{L^2})\, \nabla g_1\|_{L^2} \leqslant Mh_2$$

car $h_2 \in L^\infty(\Omega)$.

Nous allons montrer que $\mathcal{F}$ est continue:

Soient la suite $(\overline{h^n}, \overline{h_1^n})_n$ de $L^2(0,T;H^1(\Omega))\times L^2(0,T;H^1(\Omega))$ et $(\bar{h}, \overline{h_1})$ de $L^2(0,T;H^1)\times L^2(0,T;H^1)$ telle que:

$$(\overline{h^n}, \overline{h_1^n}) \to (\bar{h}, \bar{h}_1) \text{ dans } L^2(0,T;H^1)\times L^2(0,T;H^1).$$

On pose $h_n = \mathcal{F}_1(\overline{h^n}, \overline{h_1^n})$ et $h = \mathcal{F}_1(\bar{h}, \bar{h}_1)$, montrons que $h_n \to h$ dans $W(0,T)$.

Pour tout $n \in N$, si on remplace $w = h_n - h_D$, on a:

$$\int_0^T \phi\langle \partial_t(h_n - h_D), (h_n - h_D)\rangle_{V',V}\, dt$$

$$+ \int_0^T\int_\Omega (\delta\phi + KT_s(\overline{h^n})\chi_0^\epsilon(\overline{h_1^n}))\, \nabla h_n\, \nabla h_n dxdt$$

$$= \int_0^T\int_\Omega (\delta\phi + KT_s(\overline{h^n})\chi_0^\epsilon(\overline{h_1^n}))\, \nabla h_n\, \nabla h_n dxdt$$

$$- \int_0^T\int_\Omega KT_s(\bar{h})L_M(\|\nabla\overline{h_1^n}\|_{L^2})\chi_0^\epsilon(\overline{h_1^n})\, \nabla\overline{h_1^n}\, \nabla h_n dxdt$$

$$+ \int_0^T\int_\Omega KT_s(\bar{h})L_M(\|\nabla\overline{h_1^n}\|_{L^2})\chi_0^\epsilon(\overline{h_1^n})\, \nabla\overline{h_1^n}\, \nabla h_D dxdt$$

$$- \int_0^T\int_\Omega Q_s T_s(\overline{h^n})(h_n - h_D)dxdt$$

$$- \int_0^T \phi\langle \partial_t h_D, (h_n - h_D)\rangle_{V',V}\, dt \quad (3.5)$$

En utilisant le résultat F. Mignot, on a:

$$\int_0^T \phi\langle \partial_t(h_n - h_D),(h_n - h_D)\rangle_{V',V}\,\mathrm{d}t = \frac{\phi}{2}\|h_n - h_D\|_H^2 - \frac{\phi}{2}\|h_0 - h_{D\,|\,t=0}\|_H^2 \tag{3.6}$$

$$\int_0^T\int_\Omega (\delta\phi + KT_s(\overline{h^n})\chi_0^\epsilon(\overline{h_1^n}))\,\nabla h_n\,\nabla h_n\mathrm{d}x\mathrm{d}t \geqslant \delta\phi\|h_n\|_{L^2(0,T;H^1)}^2 \tag{3.7}$$

On écrit aussi que:

$$\left|\int_0^T\int_\Omega (\delta\phi + KT_s(\overline{h^n})\chi_0^\epsilon(\overline{h_1^n}))\,\nabla h_n\,\nabla h_n\mathrm{d}x\mathrm{d}t\right|$$
$$\leqslant (\delta\phi + K_+h_2)\|h_n\|_{L^2(0,T;H^1)}\|h_D\|_{L^2(0,T;H^1)}.$$

et on applique l'égalité de Young: pour tout $\epsilon>0$,

$$\left|\int_0^T\int_\Omega (\delta\phi + KT_s(\overline{h^n})\chi_0^\epsilon(\overline{h_1^n}))\,\nabla h_n\,\nabla h_n\mathrm{d}x\mathrm{d}t\right|$$
$$\leqslant \frac{\epsilon}{4}\|h_n\|_{L^2(0,T;H^1)}^2 + \frac{(\delta\phi + K_+h_2)^2}{2}\|h_D\|_{L^2(0,T;H^1)}^2 \tag{3.8}$$

Pour le terme:

$$\left| - \int_0^T\int_\Omega KT_s(\bar{h})L_M(\|\nabla\overline{h_1^n}\|_{L^2})\cdot\chi_0^\epsilon(\overline{h_1^n})\,\nabla\overline{h_1^n}\,\nabla h_n\mathrm{d}x\mathrm{d}t\right|$$
$$\leqslant MK_+\|h_2\|_{L^\infty(\Omega)}\sqrt{T}\|h_n\|_{L^2(0,T;H^1)}$$

nous avons en appliquant l'inégalité de Young:

$$\left| - \int_0^T\int_\Omega KT_s(\bar{h})L_M(\|\nabla\overline{h_1^n}\|_{L^2})\chi_0^\epsilon(\overline{h_1^n})\,\nabla\overline{h_1^n}\,\nabla h_n\mathrm{d}x\mathrm{d}t\right|$$
$$\leqslant \frac{K_+^2 + M^2T}{\epsilon}\|h_2\|_{L^\infty(\Omega)}^2 + \frac{\epsilon}{4}\|h_n\|_{L^2(0,T;H^1)}^2 \tag{3.9}$$

et enfin:

$$\left| - \int_0^T\int_\Omega Q_sT_s(\overline{h^n})(h_n - h_D)\mathrm{d}x\mathrm{d}t\right| \leqslant |Q_s|\|h_2\|_{L^\infty(\Omega)}\|h_n - h_D\|_{L^2(0,T;H)},$$

en appliquant l'inégalité de Young sur le premier terme et l'inégalité de Poincaré-Wirtinger sur (h_n-h_D) on obtient:

$$\left| - \int_0^T\int_\Omega Q_sT_s(\overline{h^n})(h_n - h_D)\mathrm{d}x\mathrm{d}t\right| \leqslant \frac{|Q_s|^2}{\epsilon}\|h_2\|_{L^\infty(\Omega)}^2 + \frac{C_p\epsilon}{4}\|h_n\|_{L^2(0,T;H)}^2 \tag{3.10}$$

et

$$\left| - \int_0^T \phi \langle \partial_t h_D, (h_n - h_D) \rangle_{V',V} \, \mathrm{d}t \right| \leqslant \frac{C}{2} + \frac{1}{2} \int_0^T \| h_n - h_D \|_H^2 \mathrm{d}t$$

En faisant le somme, on réécrit:

$$\frac{\phi}{2} \| h_n - h_D \|_H^2 + \left(\delta\phi - \frac{(C_p + 2)\epsilon}{4} \right) \| h_n \|_{L^2(0,T;H^1)}^2 \leqslant$$

$$\frac{\phi}{2} \| h_0 - h_{D\,|\,t=0} \|_H^2 + \left(\frac{|Q_s|^2 + K_+^2 M^2 T}{\epsilon} \right) \| h_2 \|_{L^\infty(\Omega)} + \frac{(\delta\phi + K_+ h_2)^2}{\epsilon} \| h_D \|_{L^2(0,T;H^1)}^2$$

$$+ \frac{C}{2} + \frac{1}{2} \int_0^T \| h_n - h_D \|_H^2 \mathrm{d}t + MK + \| h_2 \|_{L^\infty(\Omega)} \sqrt{T} \| h_D \|_{L^2(0,T;H^1)} \quad (3.11)$$

ainsi si ϵ est choisi tel que: $C_g := \left(\delta\phi - \frac{(C_p + 2)\epsilon}{4} \right) > 0$, on utilise le Lemme de Gronwall pour conclure que:

$$\| h_n \|_{L^\infty(H)} \leqslant \frac{\sqrt{2}}{\sqrt{\phi}} \left(\frac{\phi}{2} \| h_0 - h_{D\,|\,t=0} \|_H^2 + \left(\frac{|Q_s|^2 + K_+^2 M^2 T}{\epsilon} \right) \| h_2 \|_{L^\infty(H)} + \frac{C}{2} + \right.$$

$$\left. \frac{(\delta\phi + K_+ h_2)^2}{\epsilon} \| h_D \|_{L^2(0,T;H^1)}^2 + MK_+ \| h_2 \|_{L^\infty(H)} \sqrt{T} \| h_D \|_{L^2(0,T,H^1)} \right)^{1/2} e^{T/2};$$

$$\| h_n \|_{L^2(0,T,H^1)} \leqslant \frac{1}{\sqrt{C_g}} \frac{\sqrt{2}}{\sqrt{\phi}} \left(\frac{\phi}{2} \| h_0 - h_{D\,|\,t=0} \|_H^2 + \left(\frac{|Q_s|^2 + K_+^2 M^2 T}{\epsilon} \right) \| h_2 \|_{L^\infty(H)} + \frac{C}{2} + \right.$$

$$\left. \frac{(\delta\phi + K_+ h_2)^2}{\epsilon} \| h_D \|_{L^2(0,T,H^1)}^2 + MK_+ \| h_2 \|_{L^\infty(H)} \sqrt{T} \| h_D \|_{L^2(0,T,H^1)} \right)^{1/2} e^{T/2}.$$

D'où la suite $(h_n)_n$ est bornée dans $L^2(0,T;H^1(\Omega)) \cap L^\infty(0,T,H)$.

On a aussi $\left(\frac{\partial h_n}{\partial t} \right)_n$ est bornée dans $L^2(0,T;V')$.

Donc d'après le théorème de compacité de Aubin la suite $(h_n)_n$ est séquentiellement compacte dans $L^2(0,T;H)$. On peut extraire une sous suite toujours nommée $(h_n)_n$ qui converge vers une limite l dans $L^2(0,T;H)$ et faiblement dans $L^2(0,T;H^1)$. On vérifie que l est solution et comme la solution est unique alors $l = h$. On a bien prouvé la continuité de $\mathcal{F}_1$.

Montrons de même que $\mathcal{F}_2$ est continue:

On pose $h_{1,n} = \mathcal{F}_2(\overline{h^n}, \overline{h_1^n})$ et $h_1 = \mathcal{F}_2(\overline{h}, \overline{h_1})$, montrons que $h_{1,n} \to h_1$ dans $W(0,T)$.

De même que $\mathcal{F}_1$ on a donc $\left(\frac{\partial h_{1,n}}{\partial t}\right)_n$ est bornée dans $L^2(0,T;V')$ et d'après le théorème de compacité de Aubin on peut extraire une sous suite toujour notée $(h_1,n)_n$ qui converge vers une limite t dans $L^2(0,T;H)$ presque partout dans $(0,T)\times\Omega$ et faiblement dans $L^2(0,T;H^1)$, t est solution unique alors $t=f$, d'où la continuité de $\mathcal{F}_2$.

Conclusion:

$\mathcal{F}$ est continue car $\mathcal{F}_1$ et $\mathcal{F}_2$ ses fonctions sont continues. De plus, si $B\in R_+^*$ est la constante définie par les estimation uniformes, c'est-à-dire:

$$B=\max\left(\|h_n\|_{L^2(0,T;H^1(\Omega))};\|h_{1,n}\|_{L^2(0,T;H^1(\Omega))};\left\|\frac{\partial h_n}{\partial t}\right\|_{L^2(0,T;V')};\left\|\frac{\partial h_{1,n}}{\partial t}\right\|_{L^2(0,T;V')}\right),$$

et si W est la partie fermée, bornée et convexe de $L^2(0,T;H^1(\Omega))\times L^2(0,T;H^1(\Omega))$ définie par

$W=\{(g,g_1)\in(L^2(0,T;H^1(\Omega))\cap H^1(0,T;V'))^2;(g(0),g_1(0))=(h_0,h_{1,0}),(g_{|\Gamma},g_{1|\Gamma})=(h_D,h_{1,D});\|(g,g_1)\|_{(L^2(0,T;H^1(\Omega))\cap H^1(0,T;V'))^2}\leqslant B\}$,

alors $\mathcal{F}(W)\subset W$ et la restriction de $\mathcal{F}$ à W est continue. D'après le théorème de point fixe de Schauder, il existe donc $(h,h_1)\in W$ point fixe de $\mathcal{F}$. On a ainsi l'existence d'une solution faible du système (1).

Etape 2: Elimination de la fonction auxiliaire L_M

Dans cette partie, nous allons montrer l'existence de $M>0$ et $M'>0$ tel que:

$$\|\nabla h\|_{L^2(0,T,H)}\leqslant M \tag{3.12}$$

et

$$\|\nabla h_1\|_{L^2(0,T,H)}\leqslant M' \tag{3.13}$$

En remplaçant respectivement $w=h-h_D$ dans le première équation et $w=h_1-h_{1,D}$ dans le deuxième équation, on obtient donc:

$$\int_0^T\phi\langle\partial_t h,h-h_D\rangle_{V',V}\,\mathrm{d}t+\int_0^T\int_\Omega\delta\phi\,\nabla h\,\nabla(h-h_D)\,\mathrm{d}x\mathrm{d}t$$
$$+\int_0^T\int_\Omega KT_s(h)\chi_0^\epsilon(h_1)\,\nabla h\,\nabla(h-h_D)\,\mathrm{d}x\mathrm{d}t=$$
$$-\int_0^T\int_\Omega KT_s(h)\chi_0^\epsilon(h_1)L_M(\|\nabla h_1\|_{L^2})\,\nabla h_1\,\nabla(h-h_D)\,\mathrm{d}x\mathrm{d}t$$

$$-\int_0^T\int_\Omega Q_s T_s(h)(h-h_D)\,\mathrm{d}x\mathrm{d}t \tag{3.14}$$

et

$$\int_0^T \phi\langle \partial_t h_1,(h_1-h_{1,D})\rangle_{V',V}\,\mathrm{d}t+\int_0^T\int_\Omega \delta\phi\,\nabla h_1\,\nabla(h_1-h_{1,D})\,\mathrm{d}x\mathrm{d}t$$
$$+\int_0^T\int_\Omega K(T_s(h)\chi_0^\epsilon(h_1)+T_f(h-h_1))\,\nabla h_1\,\nabla(h_1-h_{1,D})\,\mathrm{d}x\mathrm{d}t=$$
$$-\int_0^T\int_\Omega KT_s(h)\chi_0^\epsilon(h_1)\,\nabla h\,\nabla(h_1-h_{1,D})\,\mathrm{d}x\mathrm{d}t$$
$$-\int_0^T\int_\Omega (Q_sT_s(h)+Q_fT_f(h-h_1))(h_1-h_{1,D})\,\mathrm{d}x\mathrm{d}t \tag{3.15}$$

En appliquant les inéquatité de Cauchy-Schwarz et de Young et en posant $u=h-h_D, v=h_1-h_{1,D}$, on obtient pour tout $\epsilon>0$:

$$\frac{\phi}{2}\int_\Omega u^2(T,x)\mathrm{d}x+\frac{\phi}{2}\int_\Omega v^2(T,x)\mathrm{d}x+\int_0^T\int_\Omega \underbrace{\left\{\delta\phi-\frac{\epsilon}{4}(\delta\phi+2K_+T_s(h)\chi_0^\epsilon(h_1))\right\}}_{(1)}|\nabla h|^2\mathrm{d}x\mathrm{d}t+\int_0^T\int_\Omega$$
$$\underbrace{\left\{\delta\phi+K_p(1-L_M(\|\nabla h_1\|_{L^2}))\chi_0^\epsilon(h_1)T_s(h)+K_-T_f(h-h_1)-\frac{\epsilon}{4}(\delta\phi+KT_s(h)\chi_0^\epsilon(h_1)(2+L_M(\|\nabla h_1\|_{L^2}))\right\}}_{(2)}$$
$$|\nabla h_1|^2\mathrm{d}x\mathrm{d}t+\int_0^T\int_\Omega \underbrace{\{K_-T_s(h)\chi_0^\epsilon(h_1)L_M(\|\nabla_{h_1}\|_{L^2})\}}_{(3)}|\nabla(h+h_1)|^2\mathrm{d}x\mathrm{d}t$$
$$\leqslant\frac{Q_s}{2}\int_0^T\int_\Omega |u|^2\mathrm{d}x\mathrm{d}t+\frac{Q_s+Q_f}{2}\int_0^T\int_\Omega |v|^2\mathrm{d}x\mathrm{d}t+C'(u_0,v_0,h_D,h_{1,D},Q_s,Q_f) \tag{3.16}$$

où $K_p=\left(K_--\dfrac{K_+^2}{4K_-}\right)$.

On choisit ϵ de sorte que :

$(1)=\ \delta\phi+\dfrac{\epsilon}{4}(\delta\phi+2K_+T_s(h)\chi_0^\epsilon(h_1))\geqslant 0$,

$(2)=\ \delta\phi+K_p(1-L_M(\|\nabla h_1\|_{L^2}))\chi_0^\epsilon(h_1)T_s(h)+K_-T_f(h-h_1)$
$-\dfrac{\epsilon}{4}(\delta\phi+KT_s(h)\chi_0^\epsilon(h_1)(2+L_M(\|\nabla h_1\|_{L^2})))\geqslant 0$,

$(3)=\ K_-T_s(h)\chi_0^\epsilon(h_1)L_M(\|\nabla h_1\|_{L^2})\geqslant 0.$

c'est-à-dire :

$(1)\geqslant 0 \Leftrightarrow \epsilon\leqslant 4\dfrac{\delta\phi}{\delta\phi+2K_+T_s(h)\chi_0^\epsilon(h_1)}$,

$$(2)\geqslant 0 \Leftrightarrow \epsilon \leqslant 4\,\frac{\delta\phi+K_p(1-L_M(\|\nabla h_1\|_{L^2}))\chi_0^{\epsilon}(h_1)T_s(h)+K_-T_f(h-h_1)}{\delta\phi+KT_s(h)(2+L_M(\|\nabla h_1\|_{L^2}))\chi_0^{\epsilon}(h_1)}$$

$$(3)\geqslant 0 \Leftrightarrow \text{toujours vrai car } L_M(x)=\min\left(1,\frac{M}{x}\right)\geqslant 0,$$

L'hypothèse $\left(K_- - \frac{K_+^2}{4K_-}\right)\geqslant 0 \Leftrightarrow K_+ \leqslant 2K_-$ est une sorte de limite à l'hétérogénéité spatiale du milieu.

En simplifiant d'avantage les conditions $(1)\geqslant 0$, $(2)\geqslant 0$, $(3)\geqslant 0$, on arrive à choisir ϵ tel que:

$$\epsilon = 4\min\left\{\frac{\delta\phi}{\delta\phi+2K_+h_2},\ \frac{\delta\phi+\left(K_- - \frac{K_+^2}{4K_-}\right)+K_-h_2}{\delta\phi+3K_+h_2}\right\},$$

avec $K_+\leqslant 2K_-$.

En utilisant le lemme de Gronwall, nous déduisons qu'il existe une constante C, indépendante de ϵ, de la régularisation de χ_0^{ϵ} et de M telle que:

$$\|h\|_{L^\infty(0,T;H)\cap L^2(0,T;H^1(\Omega))}\leqslant C \text{ et } \|h_1\|_{L^\infty(0,T;H)\cap L^2(0,T;H^1(\Omega))}\leqslant C.$$

En particulier, $\|\nabla h_1\|_{L^2}\leqslant C$ et cela indépendamment du choix de la constante M définissant la function L_M.

Nous choisissons donc $M = C$ et pouvons affirmer que toute solution faible du problème

$$\begin{cases}\phi\partial_t h-\operatorname{div}(\delta\phi\,\nabla h)-\operatorname{div}(KT_s(h)\chi_0^{\epsilon}(h_1)\nabla h)\\ -\operatorname{div}(KT_s(h)\chi_0^{\epsilon}(h_1)L_M(\|\nabla h_1\|)\nabla h_1)=-Q_sTs(h)\\ \phi\partial_t h_1-\operatorname{div}(\delta\phi\,\nabla h_1)-\operatorname{div}(K(T_f(h-h_1)+T_s(h)\chi_0^{\epsilon}(h_1))\nabla h_1)\\ -\operatorname{div}(KT_s(h)\chi_0^{\epsilon}(h_1)\nabla h)=-Q_fT_f(h-h_1)-Q_sT_s(h)\end{cases}$$

avec les conditions initiales et aux bords

$$\begin{cases}h=h_D, & h_1=h_{1,D} & \text{sur} & \Gamma,\\ h(0,x)=h_0, & h_1(0,x)=h_{1,0}(x) & \text{p. p. dans} & \Omega.\end{cases}$$

satisfait $L_C(\|\nabla h_1\|_{L^2})=1$.

Etape 3: Principes du maximum pour la solution de (1)

Nous allons montrer que presque partout dans $(0,T)\times\Omega$

$$0 \leqslant h_1(t,x) \leqslant h(t,x) \leqslant h_2(t,x).$$

Dans cette partie, nous conservons les termes $L_M(\|\nabla h_1\|_{L^2})$, bien qu'il soit maintenant établi qu'ils valent 1, pour la commodité du lecteur habitué à les trouver dans les formulations variationnelles.

1. Nous montrons que $h(t,x) \leqslant h_2(x)$, $p.\ p.\ x \in \Omega$ et $\forall t \in (0,T)$.

Soit $\eta > 0$ fixé, on pose

$h_\eta(t,x) = (h(t,x) - \eta - h_2)^+ \in L^2(0,T,V)$.

On a:

$\nabla h_\eta = \chi_{\{h > \eta + h_2\}} \nabla h$ et $h_\eta(t,x) \neq 0$ ssi $h(t,x) > \eta + h_2$

où χ est la fonction caractéristique.

Soit $\tau \in (0,T)$, on choisit $= h_\eta(t,x)\chi_{(0,\tau)}(t)$ et on obtient:

$$\int_0^T \phi \langle \partial_t h, h_\eta(x,t)\chi_{(0,\tau)}(t)\rangle_{V',V}\, \mathrm{d}t + \int_0^T\int_\Omega \delta\phi\, \nabla h\, \nabla h_\eta(x,t)$$

$$+ \int_0^T\int_\Omega KT_s(h)\chi_0^\epsilon(h_1)\ \nabla h\, \nabla h_\eta(x,t)\chi_{(0,\tau)}(t)\,\mathrm{d}x\mathrm{d}t +$$

$$\int_0^T\int_\Omega KT_s(h)L_M(\|\nabla h_1\|_{L^2})\chi_0^\epsilon(h_1)\ \nabla h_1\, \nabla h_\eta(x,t)\chi_{(0,\tau)}(t)\,\mathrm{d}x\mathrm{d}t$$

$$+ \int_0^T\int_\Omega Q_s T_s(h) h_\eta(x,t)\chi_{(0,\tau)}\,\mathrm{d}x\mathrm{d}t = 0 \tag{3.17}$$

On introduit les notations suivantes:

$$\int_0^T \phi\langle \partial_t h, h_\eta\rangle_{V',V}\,\mathrm{d}t + \int_0^T\int_\Omega \delta\phi\chi_{\{h > \eta + h_2\}}\, |\nabla h|^2 \mathrm{d}x\mathrm{d}t$$

$$+ \int_0^T\int_\Omega KT_s(h)\chi_0^\epsilon(h_1)\chi_{\{h > \eta + h_2\}}\, |\nabla h|^2 \mathrm{d}x\mathrm{d}t +$$

$$\int_0^T\int_\Omega KT_s(h)L_M(\|\nabla h_1\|_{L^2})\chi_0^\epsilon(h_1)\ \nabla h_1\, \nabla h_\eta(x,t)\,\mathrm{d}x\mathrm{d}t$$

$$+ \int_0^T\int_\Omega Q_s T_s(h) h_\eta(x,t)\,\mathrm{d}x\mathrm{d}t = 0 \tag{3.18}$$

En effet si on pose:

$f(\lambda) := \lambda - \eta - h_2$, f est continue et croissante telle que

$$\overline{\lim_\lambda}\left|\frac{f(\lambda)}{\lambda}\right| = \overline{\lim_\lambda}\left|\frac{\lambda - \eta - h_2}{\lambda}\right| < \infty.$$

Donc on a:

$$\int_0^T \phi\langle \partial_t h, h_\eta\rangle_{V',V}\,\mathrm{d}t = \frac{\phi}{2}\int_\Omega (h_\eta^2(\tau,x) - h_\eta^2(0,x))\,\mathrm{d}x \geqslant 0$$

car $h_\eta(0,x)=(h(0,x)-\eta-h_2)^+=0$ par hypothèse sur $h(0,x)=h_0$.

Comme $T_s(h)\chi_{\{h>\eta+h_2\}}=0$ par définition de T_s,

$\int_0^T\int_\Omega KT_s(h)\chi_0^\epsilon(h_1)\chi_{\{h>\eta+h_2\}}|\nabla h|^2\mathrm{d}x\mathrm{d}t + \int_0^T\int_\Omega KT_s(h)L_M(\|\nabla h_1\|_{L^2})\chi_0^\epsilon(h_1)\ \nabla h_1\ \nabla h_\eta(x,t)\mathrm{d}x\mathrm{d}t + \int_0^T\int_\Omega Q_sT_s(h)h_\eta(x,t)\mathrm{d}x\mathrm{d}t$ dans (3.41) est nulle, et

$$\frac{\phi}{2}\int_\Omega(h_\eta^2(\tau,x))\mathrm{d}x=-\int_0^T\int_\Omega\delta\phi\chi_{\{h>\eta+h_2\}}|\nabla h_n|^2\mathrm{d}x\mathrm{d}t\leqslant 0.$$

Comme h_η est positif ou nulle, son intégrale double doit l'être aussi d'où la contradiction sauf si h_η est nulle presque tout. Donc pour tout $\tau\in(0,T)$:

$$h(\tau,x)\leqslant h_2(x)+\eta, p.\ p.\ x\in\Omega.$$

En faisant tender $\eta\to 0$, on obtient $h(\tau,x)\leqslant h_2(x)$, $p.\ p.\ x\in\Omega$.

D'où

$$\forall\tau\in(0,T), p.\ p.\ dans\Omega, h(\tau,x)\leqslant h_2(x).$$

2. Nous montrons que: $0\leqslant h_1(t,x)$, p. p. dans$(0,T)\times\Omega$.

Soit $\eta>0$ et maintenant

$$h_\eta(t,x)=(-h_1(t,x)-\eta)^+\in L^2(0,T,V).$$

On a

$$\nabla h_\eta=\chi_{\{h_1<-\eta\}}\nabla h_1 \text{ et } h_\eta(t,x)\neq 0 \text{ ssi } h_1(t,x)<-\eta$$

où χ est la fonction caractéristique.

Soit $\tau\in(0,T)$, on choisit $w(t,x)=-h_\eta(t,x)\chi_{(0,\tau)}(t)$ et on obtient:

$$\begin{aligned}&-\int_0^T\phi\langle\partial_t h_1,h_\eta(x,t)\rangle_{V',V}\,\mathrm{d}t-\int_0^T\int_\Omega\delta\phi\ \nabla h_1\ \nabla h_\eta(x,t)\mathrm{d}x\mathrm{d}t\\&-\int_0^T\int_\Omega K(T_s(h)\chi_0^\epsilon(h_1)+T_f(h-h_1))\ \nabla h_1\ \nabla h_\eta(x,t)\mathrm{d}x\mathrm{d}t\\&-\int_0^T\int_\Omega KT_s(h)\chi_0^\epsilon(h_1)\ \nabla h\ \nabla h_\eta(x,t)\mathrm{d}x\mathrm{d}t\\&-\int_0^T\int_\Omega(Q_fT_f(h-h_1)+Q_sT_s(h))h_\eta(x,t)\mathrm{d}x\mathrm{d}t=0\end{aligned}\tag{3.19}$$

avec

$$-\int_0^T\phi\langle\partial_t h_1,h_\eta(x,t)\rangle_{V',V}\,\mathrm{d}t=\frac{\phi}{2}\int_\Omega(h_\eta^2(\tau,x)-h_\eta^2(0,x))\mathrm{d}x\geqslant 0$$

car $h_\eta(0,x)=(-h_1(0,x)-\eta)^+=0$ par hypothèse sur $h_1(0,x)=h_{1,0}$.

$$-\int_0^T\int_\Omega \delta\phi \nabla h_1 \nabla h_\eta(x,t)\,\mathrm{d}x\mathrm{d}t = \int_0^T\int_\Omega \delta\phi \chi_{\{h_1<-\eta\}} |\nabla h_1|^2 \mathrm{d}x\mathrm{d}t.$$

Comme $\chi_0^\epsilon(h_1)=0$ car $h_1 \leqslant -\eta$, alors $-\int_0^T\int_\Omega KT_s(h)\chi_0^\epsilon(h_1) \nabla h \nabla h_\eta \mathrm{d}x\mathrm{d}t = 0$

et

$$-\int_0^T\int_\Omega K(T_s(h)\chi_0^\epsilon(h_1) + T_f(h-h_1)) \nabla h_1 \nabla h_\eta \mathrm{d}x\mathrm{d}t$$

$$\geqslant \int_0^T\int_\Omega K_- T_f(h-h_1)\chi_{\{h_1<-\eta\}} |\nabla h_1|^2 \mathrm{d}x\mathrm{d}t.$$

Enfin

$$-\int_0^T\int_\Omega (Q_f T_f(h-h_1) + Q_s T_s(h)) h_\eta(x,t)\,\mathrm{d}x\mathrm{d}t \geqslant 0$$

car

$$T_f(h-h_1)\chi_{\{h_1<-\eta\}} \leqslant 0, T_s(h)\chi_{\{h_1<-\eta\}} \leqslant 0, Q_f \leqslant 0 \text{ et } Q_s \leqslant 0.$$

Donc,

$$\frac{\phi}{2}\int_\Omega (h_\eta^2(\tau,x))\,\mathrm{d}x = -\left(\int_0^T\int_\Omega (\delta\phi + K_- T_f(h-h_1))\chi_{\{h_1<-\eta\}} |\nabla h_{1,n}|^2\right) \mathrm{d}x\mathrm{d}t \leqslant 0,$$

Donc, pour tout $\tau \in (0,T)$:

$$h_1(\tau,x) \geqslant -\eta, p.\,p.\ x \in \Omega,$$

d'où, en faisant tendre η vers 0,

$$\forall \tau \in [0,T], p.\,p.\ x \in \Omega, h_1(\tau,x) \geqslant 0.$$

Pour finir cette partie de la démonstration du principe du maximum, nous allons montrer que:

$$h_1(t,x) \leqslant h(t,x), p.\,p.\ (t,x) \in (0,T)\times\Omega.$$

Soit $\eta>0$ fixé et on pose:

$$h_\eta(t,x) = (h_1(t,x) - h(t,x) - \eta)^+ \in L^2(0,T,V).$$

On a:

$$\nabla h_\eta = \chi_{\{h_1-h>\eta\}} \nabla(h_1-h) \text{ et } h_\eta(t,x) \neq 0 \text{ ssi} (h_1-h)(t,x) > \eta$$

où χ est la fonction caractéristique.

Soit $\tau \in (0,T)$, on choisit $w(t,x) = h_\eta(x,t)\chi_{(0,\tau)}(t)$, on obtient:

$$\int_0^T \phi\langle \partial_t(h_1-h), h_\eta(x,t)\rangle_{V',V}\,\mathrm{d}t + \int_0^T\int_\Omega \delta\phi \nabla(h_1-h) \nabla h_\eta(x,t)\,\mathrm{d}x\mathrm{d}t$$

$$+ \int_0^T \int_\Omega K(T_s(h)\chi_0^\epsilon(h_1) + T_f(h-h_1)) \nabla h_1 \nabla h_\eta(x,t)\,\mathrm{d}x\mathrm{d}t$$

$$- \int_0^T \int_\Omega K T_s(h) L_M(\|\nabla h_1\|_{L^2}) \chi_0^\epsilon(h_1) \nabla h_1 \nabla h_\eta(x,t)\,\mathrm{d}x\mathrm{d}t$$

$$+ \int_0^T \int_\Omega Q_f T_f(h-h_1) h_\eta(x,t)\,\mathrm{d}x\mathrm{d}t = 0.$$

Or $T_f(h-h_1)\chi_{\{h_1-h>\eta\}} = 0$, par définition du prolongement de T_f, alors:

$$\int_0^T \phi\langle \partial_t(h_1-h), h_\eta(x,t)\rangle_{V',V}\,\mathrm{d}t + \int_0^T \int_\Omega \delta\phi \nabla(h_1-h) \nabla h_\eta(x,t)\,\mathrm{d}x\mathrm{d}t$$

$$+ \int_0^T \int_\Omega K T_s(h)(1 - L_M(\|\nabla h_1\| L^2))\chi_0^\epsilon(h_1) \nabla h_1 \nabla h_\eta(x,t)\,\mathrm{d}x\mathrm{d}t = 0.$$

De plus, en gardant à l'esprit que la constante M a été choisie telle sorte que $L_M(\|\nabla h_1\|_{L^2}) = 1$, il reste:

$$\int_0^T \phi\langle \partial_t(h_1-h), h_\eta(x,t)\rangle_{V',V}\,\mathrm{d}t + \int_0^T \int_\Omega \delta\phi \nabla(h_1-h) \nabla h_\eta(x,t)\,\mathrm{d}x\mathrm{d}t = 0 \tag{3.20}$$

avec

$$\int_0^T \phi\langle \partial_t(h_1-h), h_\eta(x,t)\rangle_{V',V}\,\mathrm{d}t = \frac{\phi}{2}\int_\Omega (h_\eta^2(\tau,x) - h_\eta^2(0,x))\,\mathrm{d}x \geqslant 0,$$

et

$$\int_0^T \int_\Omega \delta\phi \nabla(h_1-h) \nabla h_\eta(x,t)\,\mathrm{d}x\mathrm{d}t = \int_0^T \int_\Omega \delta\phi\chi_{\{h_1-h>\eta\}} |\nabla(h_1-h)|^2\,\mathrm{d}x\mathrm{d}t.$$

Ainsi,

$$\frac{\phi}{2}\int_\Omega (h_\eta^2(\tau,x))\,\mathrm{d}x = -\int_0^T \int_\Omega \delta\phi\chi_{\{h_1-h>\eta\}} |\nabla(h_1-h)|^2\,\mathrm{d}x\mathrm{d}t \leqslant 0.$$

Comme précédemment, on conclut que:

$\forall t \in (0,T), p.p.\ x \in \Omega, h_1(t,x) \leqslant h(t,x)$

Conclusion:

Après cette partie prouvant les principes du maximum, on vient de montrer que:

$\forall t \in (0,T), p.p.\ x \in \Omega, 0 \leqslant h_1(t,x) \leqslant h(t,x) \leqslant h_2(t,x)$.

A la fin de cette étape, nous avons donc prouvé l'existence d'une soluton faible $(h^\epsilon, h_1^\epsilon) \in (L^\infty(0,T;H) \cap L^2(0,T;H^1(\Omega))^2)$ du problème:

$$
(3)\begin{cases}
\phi\partial_t h^\epsilon - \mathrm{div}(\delta\phi\,\nabla h^\epsilon) - \mathrm{div}(KT_s(h^\epsilon)\chi_0^\epsilon(h_1^\epsilon)\nabla h^\epsilon) \\
-\mathrm{div}(KT_s(h^\epsilon)\chi_0^\epsilon(h_1^\epsilon)\nabla h_1^\epsilon) = -Q_s Ts(h^\epsilon) \\
\phi\partial_t h_1^\epsilon - \mathrm{div}(\delta\phi\,\nabla h_1^\epsilon) - \mathrm{div}(K(T_f(h^\epsilon - h_1^\epsilon) + T_s(h^\epsilon)\chi_0^\epsilon(h_1^\epsilon))\nabla h_1^\epsilon) \\
-\mathrm{div}(KT_s(h^\epsilon)\chi_0^\epsilon(h_1^\epsilon)\nabla h^\epsilon) = -Q_f T_f(h^\epsilon - h_1^\epsilon) - Q_s T_s(h^\epsilon)
\end{cases}
$$

avec les conditions initiales et aux bords:

$$
\begin{cases}
h^\epsilon = h_D, & h_1^\epsilon = h_{1,D} & \text{sur} & \Gamma, \\
h_\epsilon(0,x) = h_0, & h_1^\epsilon(0,x) = h_{1,0}(x) & \text{p. p. dans} & \Omega.
\end{cases}
$$

Cette solution satisfait de plus les principes du maximum suivants dans $(0,T)$,

$$0 \leqslant h_1^\epsilon \leqslant h^\epsilon \leqslant h_2^\epsilon, \text{p. p. dans } \Omega.$$

Enfin, on note que les estimations qui nous ont permis de définir l'ensemble W sont uniformes par rapport à ϵ. On a ainsi les estimations:

$$
(4)\begin{cases}
\| h^\epsilon \|_{L^2(0,T;H^1(\Omega))} \leqslant C, \; \| h_1^\epsilon \|_{L^2(0,T;H^1(\Omega))} \leqslant C \\
\| \partial_t h^\epsilon \|_{L^2(0,T;V')} \leqslant C, \; \| \partial_t h_1^\epsilon \|_{L^2(0,T;V')} \leqslant C.
\end{cases}
$$

Etape 4: Existence pour le système sans régularisation de la fonction Heaviside

Pour conclure, nous faisons tendre ϵ tend vers 0. Des estimations (4) et du théorème de compacité d'Aubin, nous concluons que les suites $(h^\epsilon)_\epsilon$ et $(h_1^\epsilon)_\epsilon$ sont séquentiellement compactes dans $L^2(0,T;H)$ et qu'il existe $(h,h_1) \in W$ tel que:

$$
\begin{cases}
h^\epsilon \to h & \text{dans} L^2(0,T;H) & \text{et} & \text{p. p. dans} \Omega \times (0,T) \\
h^\epsilon \to h & \text{faiblement} & \text{dans} & L^2(0,T;H^1(\Omega)) \\
\partial_t h^\epsilon \to \partial_t h & \text{faiblement} & \text{dans} & L^2(0,T;V') \\
h_1^\epsilon \to h_1 & \text{dans} L^2(0,T;H) & et & \text{p. p. dans} \Omega \times (0,T) \\
h_1^\epsilon \to h_1 & \text{faiblement} & \text{dans} & L^2(0,T;H^1(\Omega)) \\
\partial_t h_1^\epsilon \to \partial_t h_1 & \text{faiblement} & \text{dans} & L^2(0,T;V')
\end{cases}
$$

Ces résultats de convergence sont suffisants pour passer à la limite lorsque ϵ tend vers 0 dans le problème (3). De plus (h,h_1) satisfait le principe du maximum conforme à la réalité physique:

$$\forall t \in (0,T), p.\,p.\; x \in \Omega, 0 \leqslant h_1(t,x) \leqslant h(t,x) \leqslant h_2(t,x).$$

3.3 Existence globale en temps dans le cas de l'interface nette

On regarde à présent le cas de l'aquifère libre avec l'approche interfaces nettes. Nous introduisons à nouveau les fonctions T_s et T_f définies par:

$$T_s(u)=\begin{cases} h_2-u & ,\forall u\in[0,h_2] \\ 0 & ,u\leqslant 0 \end{cases}$$

et

$$T_f(u)=u,\ \forall u\in[\delta,h_2]\,(0<\delta<h_2)$$

et nous étendons continument par des constantes ces fonctions pour $u\geqslant h_2$ pour la function T_s et en dehors de l'intervalle $[\delta,h_2]$ pour la fonction T_f.

Cette condition sur T_f, impose à l'aquifère une épaisseur d'eau douce toujours $\geqslant\delta$.

Comme précédemment, les inconnues bien adaptées au cas de l'aquifère libre, sont les hauteurs de deux surfaces libres $h^+=\sup(0,h)=\chi_0(h)h$ et $h_1^+=\chi_0(h_1)h_1$. Elles satisfont:

$$\phi\partial_t h-\nabla\cdot(KT_s(h)\nabla h)-\nabla\cdot(KT_s(h)\chi_0(h_1)\nabla h_1)=-Q_sT_s(h),\tag{3.21}$$

$$\begin{aligned}\phi\partial_t h_1-\nabla\cdot(K(T_f(h-h_1)+T_s(h))\nabla h_1)-\nabla\cdot(KT_s(h)\chi_0(h_1)\nabla h)\\ =-\chi_0(h_1)(Q_fT_f(h-h_1)+Q_sT_s(h)).\end{aligned}\tag{3.22}$$

On rappelle que $\chi_0(h_1)=\begin{cases}0 & \text{si}\quad h_1\leqslant 0\\ 1 & \text{si}\quad h_1\geqslant 0\end{cases}$.

On remarque qu'on n'a pas utilisé h^+ et h_1^+ dans les fonctions T_f et T_s car ces informations seraient redondantes. Pour la même raison, on a suppimé $\chi_0(h)$ et $\chi_0(h_1)$ devant les termes $\partial_t h,\partial_t h_1,\nabla h$ et ∇h_1 et on les maintient là où ils sont nécéssaires.

Le système (3.21)-(3.22) est complété par les conditions initiales et aux limites

$$h=h_D,h_1=h_{1,D},\text{dans }\Gamma\times(0,T),\tag{3.23}$$

$$h(0,x)=h_0(x),h_1(0,x)=h_{1,0}(x),\text{dans }\Omega,\tag{3.24}$$

avec les conditions de compatibilité

$$h_0(x)=h_D(0,x),h_{1,0}(x)=h_{1,D}(0,x),x\in\Gamma.$$

Les termes sources $\widetilde{Q}_f$ et $\widetilde{Q}_s$ sont des fonctions de $L^2(0,T;H)$.

Les fonctions h_D et $h_{1,D}$ appartiennent à l'espace $L^2(0,T;H^1(\Omega))\cap H^1(0,T;(H'(\Omega))')$ tandis que les fonctions h_0 et $h_{1,0}$ sont dans $H^1(\Omega)$. Enfin, nous supposons que les données initiales et aux limites satisfont les conditions supplémentaires de hiérarchie des hauteurs des interfaces, $0\leqslant h_{1,D}\leqslant h_{1,D}+\delta\leqslant h_D\leqslant h_2$, $\forall t\in(0,T)$ p. p. dans Ω et $0\leqslant h_{1,0}\leqslant h_{1,0}+\delta\leqslant h_0\leqslant h_2$ p. p. dans Ω.

Nous pouvons alors énoncer le théorème:

Théorème 6: Supposons une hétérogénéité spatiale pour le tenseur de conductivité hydraulique:

$$K_+\leqslant 2\sqrt{\gamma}K_-,0<\gamma<\frac{8}{9}.$$

Alors, pour tout $T>0$, le problème (3.21)-(3.24) admet une solution faible (h,h_1) satisfaisant $(h-h_D,h_1-h_{1,D})\in(L^2(0,T;H_0^1(\Omega))\times L^2(0,T;H_0^1(\Omega))\cap H^1(0,T;(H_0^1(\Omega))')^2$.

De plus, le principe du maximum suivant est vrai:

$0\leqslant h_1(t,x)$ et $0\leqslant h(t,x)\leqslant h_2$ pour p. p. $x\in\Omega$ et pour chaque $t\in(0,T)$.

Pour prouver ce résultat, nous introduisons un problème intermédiaire régularisé et tronqué.

La régularisation est introduite pour juguler la dégénérescence de l'équation (3.21), quant à la troncature, elle permet de contrôler la vitesse de la surface libre dans l'équation d'évolution du front salé.

La premiére étape consiste à montrer que le problème régularisé et tronqué admet une solution, ce que nous démontrons en utilisant le théorème du point fixe de Schauder. Nous prouvons que nous avons suffisamment contrôler la vitesse de la surface libre pour éliminer le précédent contrôle. Puis nous montrons que la solution du système régularisé satisfait le principe du maximum énoncé dans (3.21). Enfin, nous montrons des estimations uniformes suffisantes, nous permettant de faire tendre vers 0 la régularisation.

Preuve de Théorème 6:

Posons $\epsilon>0$ et soit une constante $M>0$ que nous préciserons plus tard.

Pour toute $x\in\mathbb{R}_+^*$, nous posons

$$L_M(x)=\min\left(1,\frac{M}{x}\right).$$

Une telle troncature L_M permet à nouveau d'utiliser le point suivant dans les estimations ci-après. Pour toute $(g,g_1)\in(L^2(0,T;H^1(\Omega)))^2$, nous posons

$$d(g,g_1)=-T_s(g)L_M(\|\nabla g_1\|_{L^2(\Omega_T)^2})\nabla g_1,$$

on a

$$\|d(g,g_1)\|_{L^2(0,T;H)}=\|T_s(g)L_M(\|\nabla g_1\|_{L^2(\Omega_T)^2})\nabla g_1\|_H\leqslant Mh_2.$$

Nous définissons également une fonction régularisée pour χ_0 par

$$\chi_0(h_1)=\begin{cases}0 & \text{if} \quad h_1\leqslant 0\\ 1 & \text{if} \quad h_1>0\end{cases},\chi_0^\epsilon(h_1)=\begin{cases}0 & \text{if} \quad h_1\leqslant 0\\ h_1/(h_1^2+\epsilon)^{1/2} & \text{if} \quad h_1>0.\end{cases}$$

Alors $0\leqslant\chi_0^\epsilon\leqslant 1$ et $\chi_0^\epsilon\rightarrow\chi_0$ comme $\epsilon\rightarrow 0$.

En tenant compte de la regularization χ_0^ϵ de χ_0, nous remplaçons système (3.21)-(3.22) par:

$$\begin{aligned}&\phi\partial_t h^\epsilon-\nabla\cdot(\epsilon\nabla h^\epsilon)-\nabla\cdot(KT_s(h^\epsilon)\nabla h^\epsilon)-\nabla\cdot(KT_s(h^\epsilon)\chi_0^\epsilon(h_1^\epsilon)L_M(\|\nabla h_1^\epsilon\|_{L^2})\nabla h_1^\epsilon)\\&\qquad=-Q_sT_s(h^\epsilon),\\&\phi\partial_t h_1^\epsilon-\nabla\cdot(\epsilon\nabla h_1^\epsilon)-\nabla\cdot(K(T_f(h^\epsilon-h_1^\epsilon)+T_s(h^\epsilon))\nabla h_1^\epsilon)-\nabla\cdot(KT_s(h^\epsilon)\chi_0^\epsilon(h_1^\epsilon)\nabla h^\epsilon)\\&\qquad=-Q_fT_f(h^\epsilon-h_1^\epsilon)\chi_0^\epsilon(h_1^\epsilon)-Q_sT_s(h^\epsilon)\chi_0^\epsilon(h_1^\epsilon).\end{aligned}$$

La preuve est décrite comme suit: Dans la première étape, en utilisant le théorème de Schauder, nous prouvons que pour chaque $T>0$ et chaque $\epsilon>0$, le système régularisé ci-dessus complété par des conditions initiales et aux limites

$$h^\epsilon=h_D,h_1^\epsilon=h_{1,D}\text{ in }\Gamma\times(0,T),h^\epsilon(0,x)=h_0(x),h_1^\epsilon(0,x)=h_{1,0}(x)\text{ a. e. in }\Omega,$$

a une solution $(h^\epsilon-h_D,h_1^\epsilon-h_{1,D})\in W(0,T)\times W(0,T)$.

Nous observons que la suite $(h^\epsilon-h_D,h_1^\epsilon-h_{1,D})$ est uniformément bornée dans $(L^2(0,T;V))^2$ et nous montrons le principe du maximum $0\leqslant h_1^\epsilon(t,x)$ et $0\leqslant h^\epsilon(t,x)\leqslant h_2$ p. p. dans Ω_T pour tout $\epsilon>0$.

Enfin, nous prouvons que chaque limite faible (h,h_1) dans $(L^2(0,T;H^1(\Omega))\cap H^1(0,T;V'))^2$ de la suite $(h^\epsilon,h_1^\epsilon)$, $\epsilon>0$ est une solution du problème d'origine.

Etape 1: Existence pour le système régularisé

Nous omettons maintenant ϵ pour des raisons de simplicité dans les notations. La formulation faible de ce dernier problème s'écrit: pour tout $w \in V$,

$$\int_0^T \phi\langle \partial_t h, w\rangle_{V',V}\, dt + \int_{\Omega_T} \epsilon \nabla h \cdot \nabla w \, dxdt + \int_{\Omega_T} KT_s(h)\nabla h \cdot \nabla w \, dxdt$$

$$+ \int_{\Omega_T} KT_s(h)\mathcal{X}_0^\epsilon(h_1)L_M(\|\nabla h_1\|_{L^2})\nabla h_1 \cdot \nabla w \, dxdt + \int_{\Omega_T} Q_s T_s(h) w \, dxdt = 0, \tag{3.25}$$

$$\int_0^T \phi\langle \partial_t h_1, w\rangle_{V',V}\, dt + \int_{\Omega_T} \epsilon \nabla h_1 \cdot \nabla w \, dxdt + \int_{\Omega_T} K(T_s(h) + T_f(h - h_1))\nabla h_1 \cdot \nabla w \, dxdt$$

$$+ \int_{\Omega_T} K\mathcal{X}_0^\epsilon(h_1)T_s(h)\nabla h \cdot \nabla w \, dxdt + \int_{\Omega_T} (Q_f T_f(h - h_1) + Q_s T_s(h))\mathcal{X}_0^\epsilon(h_1^\epsilon) w \, dxdt = 0. \tag{3.26}$$

Pour la stratégie de point fixe, nous définissons l'application $\mathcal{F}$ par

$$\mathcal{F}: L^2(0,T;H^1(\Omega))\times L^2(0,T;H^1(\Omega))\to L^2(0,T;H^1(\Omega))\times L^2(0,T;H^1(\Omega))$$

$$(\bar{h},\bar{h}_1)\mapsto \mathcal{F}(\bar{h},\bar{h}_1) = (\mathcal{F}_1(\bar{h},\bar{h}_1) = h, \mathcal{F}_2(\bar{h},\bar{h}_1) = h_1),$$

où (h, h_1) est la solution de

$$\int_0^T \phi\langle \partial_t h, w\rangle_{V',V}\, dt + \int_{\Omega_T} \epsilon \nabla h \cdot \nabla w \, dxdt + \int_{\Omega_T} KT_s(\bar{h})\nabla h \cdot \nabla w \, dxdt$$

$$+ \int_{\Omega_T} KT_s(\bar{h})L_M(\|\nabla \bar{h}_1\|_{L^2})\mathcal{X}_0^\epsilon(\bar{h}_1)\nabla \bar{h}_1 \cdot \nabla w \, dxdt + \int_{\Omega_T} Q_s T_s(\bar{h}) w \, dxdt = 0 \quad \forall w \in V, \tag{3.27}$$

$$\int_0^T \phi\langle \partial_t h_1, w\rangle_{V'V}\, dt + \int_{\Omega_T} \epsilon \nabla h_1 \cdot \nabla w \, dxdt + \int_{\Omega_T} K(T_s(\bar{h}) + T_f(\bar{h} - \bar{h}_1))\nabla h_1 \cdot \nabla w \, dxdt$$

$$+ \int_{\Omega_T} KT_s(\bar{h})\mathcal{X}_0^\epsilon(\bar{h}_1)\nabla h \cdot \nabla w \, dxdt + \int_{\Omega_T} (Q_f T_f(\bar{h} - \bar{h}_1) + Q_s T_s(\bar{h}))\mathcal{X}_0^\epsilon(\bar{h}_1) w \, dxdt = 0 \quad \forall w \in V. \tag{3.28}$$

Par ailleurs, nous savons de la théorie parabolique classique que le précédent système variationnelle linéaire admet une unique solution. Il reste à prouver que $\mathcal{F}$ satisfait les propriétés du théorème de Schauder de point fixe.

Mais, puisque les preuves de la continuité de $\mathcal{F}_1$ et $\mathcal{F}_2$ sont très semblables au cas précédent, nous ne reproduisons pas ici les calculs. Nous soulignons également que dans cette étape on peut considérer que le paramètre ϵ joue le meme rôle que l'épaisseur de l'interface diffuse δ_1. Biensûr, les estimations dépendent de ϵ, mais cela est suffisant pour cette étape.

Nous pouvons donc conclure que $\mathcal{F}$ est continue dans $(L^2(0,T;H^1(\Omega)))^2$ parce que ses deux composantes $\mathcal{F}_1$ et $\mathcal{F}_2$ le sont.

De plus, il existe un nombre réel $A \in \mathbb{R}_+^*$ (dépendant des données et du paramètre ϵ) et un ensemble non vide (fortement) fermé convexe borné W de $(L^2(0,T;H^1(\Omega)))^2$ défini par:

$$W=\{(g,g_1) \in (L^2(0,T;H^1(\Omega)) \cap H^1(0,T;V'))^2;(g(0),g_1(0))=(h_0,h_{1,0}),$$
$$(g_{|\Gamma},g_{1|\Gamma})=(h_D,h_{1,D});\|(g,g_1)\|_{(L^2(0,T;H^1(\Omega))\cap H^1(0,T;V')))^2} \leqslant A\}.$$

telle que $\mathcal{F}(W) \subset W$.

Il résulte de théorème Schauder qu'il existe $(h,h_1) \in W$ telle que $\mathcal{F}(h,h_1)=(h,h_1)$.

Ce point fixe pour $\mathcal{F}$ est une solution faible du problème (3.25)-(3.26).

Étape 2: Principes du Maximum

Nous pouvons que pour presque tout $x \in \Omega$ et pour tout $t \in (0,T)$,

$0 \leqslant h_1(t,x)$ et $0 \leqslant h(t,x) \leqslant h_2$.

· **Montrons que** $h(t,x) \leqslant h_2$ p. p. $x \in \Omega$ et $\forall t \in (0,T)$.

On pose

$$h_m=(h-h_2)^+=\sup(0,h-h_2) \in L^2(0,T;V).$$

De plus $\nabla h_m=\chi_{\{h_1>h_2\}} \nabla h$ et $h_m(t,x) \neq 0$ si et seulement si $h(t,x)>h_2$, où χ désigne la fonction caractéristique.

Soit $\tau \in (0,T)$. Prenons $w(t,x)=h_m(t,x)\chi_{(0,\tau)}(t)$ dans (3.25) cela conduit à:

$$\int_0^\tau \phi\langle \partial_t h,h_m\rangle_{V',V}\,dt+\int_0^\tau\int_\Omega \epsilon\chi_{\{h>h_2\}}|\nabla h|^2 dxdt+\int_0^\tau\int_\Omega K_-T_s(h)\chi_{\{h>h_2\}}\|\nabla h\|^2 dxdt$$
$$+\int_0^\tau\int_\Omega \chi_0^\epsilon(h_1^\epsilon)\chi_{\{h>h_2\}}KT_s(h)L_M(\|\nabla h_1\|_{L^2})\nabla h_1 \cdot \nabla h(x,t)\,dxdt$$
$$+\int_0^\tau\int_\Omega Q_sT_s(h)h_m(x,t)\,dxdt \leqslant 0. \tag{3.29}$$

Le lemme de Mignot appliqué à (3.29), donne:

$$\int_0^\tau \phi\langle \partial_t h,h_m\rangle_{V',V}\,dt=\frac{\phi}{2}\int_\Omega (h_m^2(\tau,x)-h_m^2(0,x))dx=\frac{\phi}{2}\int_\Omega h_m^2(\tau,x)dx,$$

compte tenu de $h_m(0,\cdot)=(h_0(\cdot)-h_2(\cdot))^+=0$ et puisque $T_s(h)\chi_{\{h>h_2\}}=0$ par définition de T_s, les trois derniers termes de (3.29) sont nuls. D'où (3.29) devient:

$$\frac{\phi}{2}\int_\Omega h_m^2(\tau,x)\,dx \leqslant -\int_0^\tau\int_\Omega \epsilon\chi_{\{h>h_2\}}\,|\nabla h|^2 dxdt \leqslant 0.$$

Donc $h_m=0$ p. p. dans Ω_T.

· **Nous prétendons maintenant que** $0\leqslant h(t,x)$ p. p. $x\in\Omega$ et $\forall t\in(0,T)$.

Posons

$$h_m=(-h)^+\in L^2(0,T;V) \text{ puisque } h_D(\cdot,\cdot)\geqslant 0.$$

Soit $\tau\in(0,T)$. Nous rappelons que $h_m(0,\cdot)=0$ p. p. dans Ω grâce au principe du maximum satisfait par les données initiales h_0.

Par ailleurs, $\nabla h_m=-\chi_{\{h<0\}}\nabla h$.

Ainsi, en prenant $w(t,x)=h_m(x,t)\chi_{(0,\tau)}(t)$ dans (3.29) on obtient:

$$\int_0^\tau \phi\langle\partial_t h,h_m\rangle_{V',V}\,dt-\int_0^\tau\int_\Omega \epsilon\chi_{\{h<0\}}\,\|\nabla h\|^2 dxdt$$

$$=\int_0^\tau\int_\Omega T_s(h)\chi_{\{h<0\}}K\nabla h\cdot\nabla h\,dxdt-\int_0^\tau\int_\Omega Q_sT_s(h)h_m(x,t)\,dxdt$$

$$+\int_0^\tau\int_\Omega \chi_0^\epsilon(h_1)\chi_{\{h<0\}}KT_s(h)L_M(\|\nabla h_1\|_{L^2})\,\nabla h_1\cdot\nabla h(x,t)\,dxdt. \tag{3.30}$$

Appliquant le lemme de Mignot au premier terme de (3.30) et en tenant compte de $h_m(0,\cdot)=(-h_0)^+=0$, on a:

$$\int_0^\tau \phi\langle\partial_t h,h_m\rangle_{V',V}\,dt=\frac{-\phi}{2}\int_\Omega(h_m^2(\tau,x)-h_m^2(0,x))\,dx=-\frac{\phi}{2}\int_\Omega h_m^2(\tau,x)\,dx.$$

Puisque $T_s(h)\chi_{\{h<0\}}=0$ par définition de T_s, les trois derniers termes du membre gauche de (3.29) sont nuls.

D'où (3.30) devient:

$$\frac{\phi}{2}\int_\Omega h_m^2(\tau,x)\,dx \leqslant -\int_0^\tau\int_\Omega \epsilon\chi_{\{h>h_2\}}\,\|\nabla h\|^2 dxdt \leqslant 0.$$

Donc $h_m=0$ p. p. dans Ω_T.

· **Enfin nous montrons que** $0 \leqslant h_1(t,x)$ p. p. $x \in \Omega$ et $\forall t \in (0,T)$.

On pose

$$h_m = (-h_1)^+ \in L^2(0,T;V) \text{ car } h_{1,D}(\cdot,\cdot) \geqslant 0.$$

Soit $\tau \in (0,T)$. Nous rappelons que $h_m(0,\cdot)=0$, p.p. dans Ω, grâce au principe du maximum satisfait par les données initiales $h_{1,0}$.

De plus, $\nabla h_m = -\chi_{\{h_1<0\}} \nabla h_1$.

Ainsi, en prenant $w(t,x) = h_m(x,t)\chi_{(0,\tau)}(t)$ dans (3.26), on a:

$$\int_0^\tau \phi \langle \partial_t h_1, h_m \rangle_{V',V} \, dt - \int_{\Omega_\tau} \chi_{\{h_1<0\}} (\epsilon + T_s(h) + T_f(h-h_1)) \nabla h_1 \cdot \nabla h_1 \mathrm{d}x\mathrm{d}t$$

$$- \int_{\Omega_\tau} \chi_0^\epsilon(h_1) T_s(h) \chi_{\{h_1<0\}} \nabla h \cdot \nabla h_1 \mathrm{d}x\mathrm{d}t$$

$$- \int_{\Omega_\tau} (Q_s T_s(h) + Q_f T_f(h-h_1)) \chi_0^\epsilon(h_1) \chi_{\{h_1<0\}} h_1 \mathrm{d}x\mathrm{d}t = 0. \tag{3.31}$$

En appliquant le lemme de Mignot à (3.31) et en tenant compte de $h_m(0,\cdot) = (-h_0)^+ = 0$, on déduit:

$$\int_0^\tau \phi \langle \partial_t h_1, h_m \rangle_{V',V} \, dt = -\frac{\phi}{2} \int_\Omega (h_m^2(\tau,x) - h_m^2(0,x)) \mathrm{d}x = -\frac{\phi}{2} \int_\Omega h_m^2(\tau,x) \mathrm{d}x.$$

puisque $\chi_0^\epsilon(h_1)\chi_{\{h_1<0\}} = 0$ par définition of $\chi_0^\epsilon(\cdot)$, les deux derniers termes de (3.31) sont nuls.

D'où (3.31) devient (puisque T_s et T_f sont des fonctions non négatives):

$$\frac{\phi}{2} \int_\Omega h_m^2(\tau,x) \mathrm{d}x \leqslant -\int_0^\tau \int_\Omega \epsilon \chi_{\{h>h_2\}} |\nabla h|^2 \mathrm{d}x\mathrm{d}t \leqslant 0.$$

Alors $h_m = 0$ p. p. dans Ω_T.

Etape 3: Elimination de la fonction auxiliaire L_M

Nous prétendons maintenant qu'il existe un nombre réel B > 0, ne dépendant ni de ϵ ni de M, tel que toute solution faible $(h,h_1) \in W$ du problème (3.25)-(3.26) satisfait:

$$\| \nabla h \|_{L^2(0,T;H)} \leqslant B \text{ and } \| \nabla h_1 \|_{L^2(0,T;H)} \leqslant B. \tag{3.32}$$

En prennant $w = h - h_D$ (resp. $w = h_1 - h_{1,D}$) dans (3.25) (resp. (3.26)) conduit à:

$$\int_0^T \phi\langle \partial_t h, h - h_D\rangle_{V',V}\,dt + \int_{\Omega_T} \epsilon \nabla h \cdot \nabla(h - h_D)\,dxdt + \int_{\Omega_T} KT_s(h)\,\nabla h \cdot \nabla(h - h_D)\,dxdt = -\int_{\Omega_T} KT_s(h)\chi_0^\epsilon(h_1)L_M(\|\nabla h_1\|_{L^2})\,\nabla h_1 \cdot \nabla(h - h_D)\,dxdt - \int_{\Omega_T} Q_s T_s(h)(h - h_D)\,dxdt \tag{3.33}$$

et

$$\int_0^T \phi\langle \partial_t h_1, h_1 - h_{1,D}\rangle_{V',V}\,dt + \int_{\Omega_T} \epsilon \nabla h_1 \cdot \nabla(h_1 - h_{1,D})\,dxdt$$
$$+ \int_{\Omega_T} K(T_s(h) + T_f(h - h_1))\,\nabla h_1 \cdot \nabla(h_1 - h_{1,D})\,dxdt =$$
$$-\int_{\Omega_T} KT_s(h)\chi_0^\epsilon(h_1)\,\nabla h \cdot \nabla(h_1 - h_{1,D})\,dxdt$$
$$-\int_{\Omega_T} \chi_0^\epsilon(h_1)(Q_f T_f(h - h_1) + Q_s T_s(h))(h_1 - h_{1,D})\,dxdt. \tag{3.34}$$

Résumant les relations (3.33) et (3.34), et en utilisant la decomposition

$$K\nabla h \cdot \nabla h + K\chi_0^\epsilon(h_1)(L_M(\|\nabla h_1\|_{L^2})+1)\nabla h_1 \cdot \nabla h$$
$$+K\nabla h_1 \cdot \nabla h_1 = K\nabla(h+h_1) \cdot \nabla(h+h_1)$$
$$+K(1-\chi_0^\epsilon(h_1)L_M(\|\nabla h_1\|_{L^2}))\nabla h_1 \cdot \nabla h_1$$
$$-K(1-\chi_0^\epsilon(h_1)L_M(\|\nabla h_1\|_{L^2}))\nabla h_1 \cdot \nabla(h+h_1),$$

nous pouvons dire que:

$$\underbrace{\int_0^T \phi(\langle \partial_t(h - h_D), h - h_D\rangle_{V',V}\,dt + \langle \partial_t(h_1 - h_{1,D}), h_1 - h_{1,D}\rangle_{V',V})\,dt}_{J_1}$$
$$+ \underbrace{\int_{\Omega_T} \epsilon(\nabla h \cdot \nabla h + \nabla h_1 \cdot \nabla h_1)\,dxdt}_{J_2} + \underbrace{\int_{\Omega_T} KT_s(h)\,\nabla(h + h_1) \cdot \nabla(h + h_1)\,dxdt}_{J_3}$$
$$+ \underbrace{\int_{\Omega_T} K((1 - \chi_0^\epsilon(h_1)L_M(\|\nabla h_1\|_{L^2}))T_s(h) + T_f(h - h_1))\,\nabla h_1 \cdot \nabla h_1\,dxdt}_{J_4}$$
$$= \underbrace{\int_{\Omega_T} K(1 - \chi_0^\epsilon(h_1)L_M(\|\nabla h_1\|_{L^2}))T_s(h)\,\nabla h_1 \cdot \nabla(h + h_1)\,dxdt}_{J_5}$$
$$+ \underbrace{\int_{\Omega_T} (\epsilon + KT_s(h))\,\nabla h \cdot \nabla h_D\,dxdt}_{J_6}$$
$$+ \underbrace{\int_{\Omega_T} (\epsilon + KT_s(h) + KT_f(h - h_1))\,\nabla h_1 \cdot \nabla h_{1,D}\,dxdt}_{J_7}$$

$$+\underbrace{\int_{\Omega_T} KT_s(h)L_M(\|\nabla h_1\|_{L^2})\chi_0^\epsilon(h_1)\nabla h_1\cdot\nabla h_D\,\mathrm{d}x\mathrm{d}t}_{J_8}$$

$$+\underbrace{\int_{\Omega_T} KT_s(h)\chi_0^\epsilon(h_1)\nabla h\cdot\nabla h_{1,D}\,\mathrm{d}x\mathrm{d}t}_{J_9}$$

$$+\underbrace{\int_{\Omega_T}(Q_sT_s(h)(h-h_D)+\chi_0^\epsilon(h_1)(Q_fT_f(h-h_1)+Q_sT_s(h))(h_1-h_{1,D}))\,\mathrm{d}x\mathrm{d}t}_{J_{10}}$$

$$-\underbrace{\int_0^T\phi(\langle\partial_t h_D,h-h_D\rangle_{V',V}+\langle\partial_t h_{1,D},h_1-h_{1,D}\rangle_{V',V})\,\mathrm{d}t.}_{J_{11}} \quad (3.35)$$

Nous devons maintenant estimer tous les termes dans les dernières relations.

Nous rappelons que

$|\chi_0^\epsilon(h_1)|\leqslant 1, L_M(\|\nabla h_1\|_{L^2})\leqslant 1, 0\leqslant T_s(h)\leqslant h_2$ and $\delta_1\leqslant T_f(h-h_1)\leqslant h_2$.

Ensuite, nous notons que

$$|J_1|=\frac{\phi}{2}\int_\Omega((h-h_D)^2(T,x)-(h_0-h_{0,D})^2(x))\,\mathrm{d}x$$

$$+\frac{\phi}{2}\int_\Omega((h_1-h_{1,D})^2(T,x)-(h_{1,0}-h_{0,D})^2(x))\,\mathrm{d}x,$$

$$|J_2|=\int_{\Omega_T}\epsilon|\nabla h|^2\mathrm{d}x\mathrm{d}t+\int_{\Omega_T}\epsilon|\nabla h_1|^2\mathrm{d}x\mathrm{d}t,$$

$$|J_3|\geqslant\int_{\Omega_T}K_-T_s(h)|\nabla(h+h_1)|^2\mathrm{d}x\mathrm{d}t,$$

$$|J_4|\geqslant\int_{\Omega_T}K_-((1-\chi_0^\epsilon(h_1)L_M(\|\nabla h_1\|_{L^2}))T_s(h)+\delta_1)|\nabla h_1|^2\mathrm{d}x\mathrm{d}t.$$

En appliquant les inégalités de Cauchy-Schwarz et Young, nous obtenons pour un réel $\gamma>0$:

$$|J_5|\leqslant\int_{\Omega_T}T_s(h)\left(\frac{1}{4\gamma}(1-\chi_0^\epsilon(h_1)L_M(\|\nabla h_1\|_{L^2}))^2\frac{K_+^2}{K_-}|\nabla h_1|^2+\gamma K_-|\nabla(h+h_1)|^2\right)\mathrm{d}x\mathrm{d}t,$$

$$|J_6|\leqslant\frac{\epsilon}{2}\int_{\Omega_T}|\nabla h|^2\mathrm{d}x\mathrm{d}t+\frac{\epsilon}{2}\int_{\Omega_T}|\nabla h_D|^2\mathrm{d}x\mathrm{d}t+\frac{\gamma K_-}{16}\int_{\Omega_T}T_s(h)|\nabla(h+h_1)|^2\mathrm{d}x\mathrm{d}t$$

$$+\frac{4h_2K_+^2}{\gamma K_-}\int_{\Omega_T}|\nabla h_D|^2\mathrm{d}x\mathrm{d}t+\frac{\delta_1K_-}{12}\int_{\Omega_T}|\nabla h_1|^2\mathrm{d}x\mathrm{d}t+\frac{3h_2^2K_+^2}{K_-\delta_1}\int_{\Omega_T}|\nabla h_D|^2\mathrm{d}x\mathrm{d}t,$$

$$|J_7|\leqslant\frac{\epsilon}{2}\int_{\Omega_T}|\nabla h_1|^2\mathrm{d}x\mathrm{d}t+\frac{\delta_1K_-}{6}\int_{\Omega_T}|\nabla h_1|^2\mathrm{d}x\mathrm{d}t+\int_{\Omega_T}\left(\frac{\epsilon}{2}+\frac{3h_2^2K_+^2}{\delta_1K_-}\right)|\nabla h_{1,D}|^2\mathrm{d}x\mathrm{d}t$$

$$|J_8| \leqslant \frac{\delta_1 K_-}{12}\int_{\Omega_T} |\nabla h_1|^2 \mathrm{d}x\mathrm{d}t + \frac{6K_+^2 h_2^2}{2\delta_1 K_-}\int_{\Omega_T} |\nabla h_D|^2 \mathrm{d}x\mathrm{d}t,$$

$$|J_9| \leqslant \frac{\delta_1 K_-}{12}\int_{\Omega_T} |\nabla h_1|^2 \mathrm{d}x\mathrm{d}t + \frac{\gamma K_-}{16}\int_{\Omega_T} T_s(h)\,|\nabla(h+h_1)|^2 \mathrm{d}x\mathrm{d}t$$

$$+ \frac{K_{2+}}{K_-}\left(\frac{3h_2^2}{\delta_1} + \frac{4h_2}{\gamma}\right)\int_{\Omega_T} |\nabla h_{1,D}|^2 \mathrm{d}x\mathrm{d}t,$$

$$|J_{10}| \leqslant \int_{\Omega_T} T_s(h)\,|Q_s(h-h_D)|\,\mathrm{d}x\mathrm{d}t + \int_{\Omega_T} T_f(h-h_1)\,|Q_f(h_1-h_{1,D})|\,\mathrm{d}x\mathrm{d}t$$

$$+ \int_{\Omega_T} T_s(h)\,|Q_s(h_1-h_{1,D})|\,\mathrm{d}x\mathrm{d}t$$

$$\leqslant \frac{3\|Q_s\|^2_{L^2(0,T;H)} + 2\|Q_f\|^2_{L^2(0,T;H)}}{2\phi}h_2^2 + \frac{\phi}{2}\int_{\Omega_T} |h-h_D|^2 \mathrm{d}x\mathrm{d}t$$

$$+ \frac{\phi}{2}\int_{\Omega_T} |h_1-h_{1,D}|^2 \mathrm{d}x\mathrm{d}t,$$

$$|J_{11}| \leqslant \frac{\phi}{2}\int_{\Omega_T} |h-h_D|^2 \mathrm{d}x\mathrm{d}t + \frac{\delta_1 K_-}{24}\int_{\Omega_T} |\nabla(h_1-h_{1,D})|^2 \mathrm{d}x\mathrm{d}t$$

$$+ \frac{\phi}{2}\|\partial_t h_D\|^2_{L^2(0,T;H)} + \frac{12\phi^2}{\delta_1 K_-}\|\partial_t h_{1,D}\|^2_{L^2(0,T;V')}$$

$$\leqslant \frac{\phi}{2}\int_{\Omega_T} |h-h_D|^2 \mathrm{d}x\mathrm{d}t + \frac{\delta_1 K_-}{12}\int_{\Omega_T} |\nabla h_1|^2 \mathrm{d}x\mathrm{d}t$$

$$+ \frac{\delta_1 K_-}{12}\int_{\Omega_T} |\nabla h_{1,D}|^2 \mathrm{d}x\mathrm{d}t + \frac{\phi}{2}\|\partial_t h_D\|^2_{L^2(0,T;H)} + \frac{12\phi^2}{\delta_1 K_-}\|\partial_t h_{1,D}\|^2_{L^2(0,T;V')}.$$

En additionnant toutes ces estimations, nous obtenons

$$\phi\int_{\Omega}(h-h_D)^2(T,x)\,\mathrm{d}x + \phi\int_{\Omega}(h_1-h_{1,D})^2(T,x)\,\mathrm{d}x + \int_{\Omega_T}\epsilon(|\nabla h|^2 + |\nabla h_1|^2)\,\mathrm{d}x\mathrm{d}t$$

$$+ 2\int_{\Omega_T}\underbrace{\left(\left(K_- - \frac{K_+^2}{4\gamma K_-}\right)(1-\chi_0^\epsilon(h_1)L_M(\|\nabla h_1\|_{L^2}))T_s(h)\right)}_{(1)}|\nabla h_1|^2 \mathrm{d}x\mathrm{d}t$$

$$+ 2\int_{\Omega_T}\frac{\delta_1 K_-}{2}|\nabla h_1|^2 \mathrm{d}x\mathrm{d}t + 2\int_{\Omega_T} K_-\left(1-\frac{9\gamma}{8}\right)T_s(h)\,|\nabla(h+h_1)|^2 \mathrm{d}x\mathrm{d}t$$

$$\leqslant \phi\int_{\Omega_T}|h-h_D|^2 \mathrm{d}x\mathrm{d}t + \phi\int_{\Omega_T}|h_1-h_{1,D}|^2 \mathrm{d}x\mathrm{d}t + C, \qquad (3.36)$$

où $C=C(u_0,v_0,h_D,h_{1,D},h_2,Q_s,Q_f)$. Nous allons maintenant appliquer le lemme de

Gronwall à (3.36). En raison de l'hypothèse sur K_- et K_+, (1) $\geqslant 0$ en prenant γ tel que $0<\gamma<\frac{8}{9}$, en effet, on a:

(1) $\geqslant 0$: toujours vrai, car $0 \leqslant 1-\chi_0^\epsilon(h_1)L_M(x) \leqslant 1$ et $K_+ \leqslant 2\sqrt{\gamma}K_-$.

Maintenant, nous appliquons le lemme de Gronwall et on en déduit qu'il existe un nombre réel B, qui ne dépend ni de ϵ ni de M, tel que

$$\|h\|_{L^\infty(0,T;H)\cap L^2(0,T;(H^1(\Omega))')} \leqslant B,\ \|\Psi(h)\|_{L^2(0,T;H^1(\Omega))} \leqslant B$$
$$\text{et } \|h_1\|_{L^\infty(0,T;H)\cap L^2(0,T;(H^1(\Omega))} \leqslant B, \tag{3.37}$$

où on pose $\Psi(x) = \int_0^x (h_2 - t)^{1/2}\mathrm{d}t = \frac{2}{3}(h_2^{\frac{3}{2}} - (h_2 - x)^{\frac{3}{2}})$.

En particulier, $\|\nabla h_1\|_{L^2(0,T;H)} \leqslant B$ et cette estimation ne dépend pas du choix du nombre réel M qui définit fonction L_M.

Ainsi, le terme $L_B(\|\nabla h_1\|_{L^2}) = 1$ peut être oté.

Remarque sur le principe du maximum

Même si nous établissons l'étape 3, nous ne pouvons pas prouver que

$$h_1(t,x)+\delta_1 \leqslant h(t,x) \text{ p. p. } x \in \Omega \text{ et } \forall t \in (0,T)$$

Posons

$$h_m = (\delta_1+h_1-h)^+ \in L^2(0,T;V) \text{ puisque } h_{1,D}(\cdot,\cdot)+\delta_1 \leqslant h_D(\cdot,\cdot).$$

De même, nous rappelons que $h_m(0,\cdot)=0$ p. p. dans Ω, grâce au principe du maximum satisfait par les données initiales: h_0 and $h_{1,0}$.

De plus, $\nabla h_m = \chi_{\{h>\delta_1+h_1\}}\nabla(h_1-h)$.

Soit $\tau \in (0,T)$, ainsi, en prenant $w(t,x) = h_m(x,t)\chi_{(0,\tau)}(t)$ dans (3.25)-(3.26) entraine:

$$\int_0^\tau \phi\langle \partial_t(h_1 - h), h_m\rangle_{V',V}\,\mathrm{d}t + \int_{\Omega_\tau} \chi_{\{h<\delta_1+h_1\}}(\epsilon + T_s(h))\,|\nabla(h_1 - h)|^2\mathrm{d}x\mathrm{d}t$$
$$+ \int_{\Omega_\tau} T_f(h - h_1))\,\nabla h \cdot \nabla h_m\,\mathrm{d}x\mathrm{d}t$$
$$+ \int_{\Omega_\tau} \chi_0^\epsilon(h_1)T_s(h)(\nabla h \cdot \nabla h_m - L_M(\|\nabla h_1\|_{L^2})\,\nabla h_1 \cdot \nabla h_m)\mathrm{d}x\mathrm{d}t$$
$$- \int_{\Omega_\tau} Q_f T_f(h - h_1)\chi_0^\epsilon(h_1)h_m\mathrm{d}x\mathrm{d}t = 0.$$

Appliquant le lemme Mignot à (3. 31) et en tenant compte de $h_m(0, \cdot)=0$, on a

$$\int_0^\tau \phi\langle \partial_t h_1, h_m\rangle_{V',V}\,dt = \frac{\phi}{2}\int_\Omega (h_m^2(\tau,x) - h_m^2(0,x))\,dx = \frac{\phi}{2}\int_\Omega h_m^2(\tau,x)\,dx.$$

De plus, $L_M(\|\nabla h_1\|_{L^2})=1$, alors l'équation ci-dessus deviant

$$\frac{\phi}{2}\int_\Omega h_m^2(\tau,x)\,dx + \int_{\Omega_\tau}\chi_{\{h<\delta_1+h_1\}}(\epsilon + T_s(h)(1-\chi_0^\epsilon(h_1)))\,|\nabla(h_1-h)|^2 dxdt$$

$$+\int_{\Omega_\tau} T_f(h-h_1))\,\nabla h\cdot\nabla h_m dxdt - \int_{\Omega_\tau} Q_f T_f(h-h_1)\chi_0^\epsilon(h_1)h_m dxdt = 0. \quad (3.38)$$

Puisque $T_f(h-h_1)\chi_{\{h<\delta_1+h_1\}}=\delta_1>0$ par définition de T_f, si nous supposons $Q_f\leqslant 0$, d'où (3. 31) devient:

$$\frac{\phi}{2}\int_\Omega h_m^2(\tau,x)\,dx + \int_{\Omega_\tau}\delta_1\,\nabla h\cdot\nabla h_m\,dxdt$$

$$\leqslant -\int_0^T\int_\Omega \chi_{\{h<\delta_1+h_1\}}(\epsilon + T_s(h)(1-\chi_0^\epsilon(h_1)))\,|\nabla(h_1-h)|^2 dxdt \leqslant 0.$$

et en raison du terme $\int_{\Omega_\tau}\delta_1\,\nabla h\cdot\nabla h_m\,dxdt$, nous ne pouvons pas plus conclure que $h_m=0$ p. p. sur Ω_T.

Étape 4: Existence pour le système initial

Nous passons maintenant à la dernière étape de la preuve du théorème 3. 3, à savoir nous laissons $\epsilon\to 0$. Nous déduisons des estimations ci-dessus que $(h_1^\epsilon - h_{1,D})_\epsilon$ est uniformément bornée dans $W(0,T)$. On déduit grâce au résultat de compacité de Aubin que $(h_1^\epsilon - h_{1,D})_\epsilon$ est séquentiellement compacte dans $L^2(0,T;H)$.

En ce qui concerne la suite $\{h^\epsilon - h_D\}_\epsilon$, nous procédons comme dans le cas de l'aquifère confiné quand $\beta=0$. Nous observons d'abord que Ψ est une fonction strictement décroissante de classe C^1 sur $[0,h_2]$ et Ψ^{-1} est continue sur $\left(0,\frac{2}{3}h_2^{\frac{3}{2}}\right)$.

En majorant les translatés en temps de la suite $\{\Psi(h^\epsilon)\}_\epsilon$, on en déduit que $\{\Psi(h^\epsilon)\}_\epsilon$ est séquentiellement compacte dans $L^2(\Omega_T)$. Précisèment, (3. 37) donne des estimations pour les translatés en temps dans la norme L^2 de la suite $\{\Psi(h^\epsilon)\}_\epsilon$:

$$\int_\xi^T \langle (h^\epsilon(t,\cdot) - h^\epsilon(t-\xi,\cdot), \Psi(h^\epsilon(t,x)) - \Psi(h^\epsilon(t-\xi,\cdot))\rangle_{V',V}\,dt$$

$$\leqslant \left(\int_\xi^T \|(h^\epsilon(t,\cdot) - h^\epsilon(t-\xi,\cdot)\|_{V'}^2 dt\right)^{\frac{1}{2}} \left(\int_\xi^T \|\Psi(h^\epsilon(t,\cdot)) - \Psi(h^\epsilon(t-\xi,\cdot)\|_V^2\,dt\right)^{\frac{1}{2}}$$

$$\leqslant C\left(\int_\xi^T \|(h^\epsilon(t,\cdot) - h^\epsilon(t-\xi,\cdot)\|_{V'}^2\,dt\right)^{\frac{1}{2}} \text{ grace.} \tag{3.37}$$

Mais nous savons que, $\forall \xi \in (0,T)$

$$\frac{1}{\xi^2}\int_\xi^T \|(h^\epsilon(t,\cdot) - h^\epsilon(t-\xi,\cdot)\|_{V'}^2\,dt \leqslant \int_\xi^T \|\partial_t h^\epsilon\|_{(H^1(\Omega))'}^2 dt \leqslant C,$$

Enfin, nous obtenons

$$\int_\xi^T \langle (h^\epsilon(t,\cdot) - h^\epsilon(t-\xi,\cdot), \Psi(h^\epsilon(t,x)) - \Psi(h^\epsilon(t-\xi,\cdot))\rangle_{V',V}\,dt \leqslant C\xi,\ \forall \xi \in (0,T).$$

Grâce à la régularité de Ψ, nous déduisons

$$\int_\xi^T (\Psi(h^\epsilon(t,\cdot)) - \Psi(h^\epsilon(t-\xi,\cdot)), \Psi(h^\epsilon(t,\cdot)) - \Psi(h^\epsilon(t-\xi,\cdot)))_{L^2(\Omega)}\,dt \leqslant C\xi, \forall \xi \in (0,T).$$

Par conséquent, on en déduit que $\{\Psi(h^\epsilon)\}_\epsilon$ converge fortement dans $L^2(\Omega_T)$.

En extrayant une sous-suite, non renommée pour plus de commodité, nous affirmons qu'il existe des fonctions h et h_1 telles que $(h-h_D, h_1-h_{1,D}) \in W(0,T)^2$ et

$$\begin{cases} h^\epsilon \to h & \text{dans } L^2(0,T;H) \text{ et p. p. dans } \Omega\times(0,T), \\ \Psi(h^\epsilon)\to\Psi(h) & \text{faible dans } L^2(0,T;H^1(\Omega)), \\ \partial_t h^\epsilon \to \partial_t h & \text{faible dans } L^2(0,T;V'), \\ h_1^\epsilon \to h_1 & \text{dans } L^2(0,T;H) \text{ et p. p. dans } \Omega\times(0,T), \\ h_1^\epsilon \to h_1 & \text{faible dans } L^2(0,T;H^1(\Omega)), \\ \partial_t h_1^\epsilon \to \partial_t h_1 & \text{faible dans } L^2(0,T;V'). \end{cases}$$

En faisant tendre $\epsilon\to 0$ dans la formulation faible du problème régularisé et en utilisant le théorème de Lebesgue (grâce aux estimations uniformes 3.37), nous obtenons immédiatement (3.21)-(3.22). La condition initiale (3.23)-(3.24) est satisfaite puisque l'application $i \in W(0,T) \mapsto i(0) \in H$ est continue. En outre le couple

(h, h_1) satisfait un principe du maximum qui ne correspond pas à la réalité physique car nous avons perdu les informations entre h_1 et h :

$$0 \leqslant h_1(x,t) \text{ and } 0 \leqslant h(x,t) \leqslant h_2, \forall t \in (0,T), \text{ a. e. } x \in \Omega.$$

La preuve du théorème 6 est complète.

4 Unicité de la solution dans le cas de l'approche interface nette-diffuse

4.1 Introduction

Ce chapitre est consacré à l'étude de l'unicité de la solution pour le problème d'intrusion saline dans un aquifière côtier à nappe captive et à surface libre.

Ainsi que nous l'avons vu, il s'agit d'un système couplé quasi-linéaire d'une équation parabolique et d'une équation elliptique dans le cas de la nappe captive et de deux équations paraboliques dans le cas d'un aquifère libre. Les difficultés essentielles sont d'une part celle liée à la dégénérescence due à la possibilité d'avoir une zone du réservoir d'eau sans eau salée (ou sans eau douce) et d'autre part celle due au couplage non-linéaire entre les deux équations du système. Dans ce chapitre, nous n'aborderons que la seconde difficulté puisque nous nous limiterons au cas de l'approche avec interface diffuse qui permet donc d'éliminer la dégénérescence et de nous concentrer sur la difficulté liée au couplage et à la non-linéarité.

L'unicité de la solution est démontrée en étalissant une résultat de régularité supplémentaire pour le couple de solution (h, f) dans le cas confiné et (h, h_1) dans le cas libre. Plus précisément nous généralisons au cas quasi-linéaire le résultat de régularité donné par Meyers dans le cas elliptique et étendu au cas parabolique par A. Bensoussan, J. L Lions et G. Papanicolaou pour tout opérateur elliptique A =

$- \sum_{i,j=1}^{n} \partial_j a_{ij}(x) \partial_i.$

Les résultats supposent que l'opérateur A, satisfait une hypothèse d'uniforme ellipticité et que ses coefficients $a_{ij}(\cdot)$ sont des fonctions $L^{\infty}(\Omega)$. Les hypothèses sur A assurent alors l'existence d'un réel $r(A) > 2$ tel que le gradient de la solution de l'équation elliptique (resp. de l'équation parabolique) avec des conditions de Dirichlet homogènes appartienne à l'espace $L^r(\Omega)$ (resp. $L^r(\Omega_T)$).

Cette régularité supplémentaire combinée aux inégalités de Gagliardo-Nirenberg permet de traiter la non-linéarité dans la preuve de l'unicité dans le cas confiné (resp. dans le cas libre).

Nous conclurons cette introduction en mentionnant le résultat d'unicité dans le cas stationnaire établi par M. Tber et M. Talibi. Le problème peut s'écrire sous la forme d'un système couplé de deux équations elliptiques quasi-linéaires, le couplage résidant alors dans les coefficients des opérateurs elliptiques, ces coefficients dépendant donc des inconnues du problème. La difficulté essentielle consiste à trouver des conditions suffisantes sur les paramètres physiques du problème permettant d'assurer l'uniforme ellipticité d'opérateurs.

Le théorème du point-fixe de Schauder combiné au précédent résultat de Meyers permet alors d'assurer l'existence et l'unicité de la solution du problème stationnaire. Le cas instationnaire est plus difficile car le couplage non-linéaire ne se limite pas aux coefficients des opérateurs elliptiques mais à l'ensemble des équations.

Ce chapitre est organisé comme suit: les deux premiers paragraphes sont consacrés au cas de l'aquifère confiné. Dans un premier temps, nous rappelons les notations et hypothèses sur les données puis nous prouvons le résultat de régularité supplémentaire, la seconde section donne alors la preuve de l'unicité. Le dernier paragraphe donne les résultats au cas d'un aquifère libre.

4.2 Notations et résultats de régularité

4.2.1 Notation

Dans le cas confiné, le système s'écrit

$$\phi\partial_t h - \nabla\cdot[(KT_s(h) + \delta\phi)\nabla h] + \nabla\cdot(KT_s(h)\nabla f) = -Q_s T_S(h), \quad (4.1)$$

$$-h_2\nabla\cdot(K\nabla f) + \nabla\cdot(KT_s(h)\nabla h) = Q_S T_s(h) + Q_f T_f(h). \quad (4.2)$$

où la function $T_s(u) = h_2 - u$ sur $[\delta_1, h_2]$ et est étendue continument et par des constantes en dehors de (δ_1, h) et la function $T_f(h) = h$ sur $[0, h_2]$, étendue continument et par des constantes en dehors de $[0, h_2]$.

Ce système est complété par les conditions initiales et les conditions aux limites

$$h = h_D, f = f_D \quad sur \quad \Gamma\times(0,T) \quad (4.3)$$

$$h(0,x) = h_0(x) \quad dans \quad \Omega \quad (4.4)$$

avec la condition de compatibilité

$$h_0(x) = h_D(0,x), x\in\Gamma \quad (4.5)$$

Le tenseur représentant la conductivité hydraulique est tel qu'il existe 2 réels positifs K_- *et* K_+ vérifiant:

$$0 < K_-|\xi|^2 \leqslant \sum_{i,j=1,2} K_{i,j}(x)\xi_i\xi_j \leqslant K_+|\xi|^2 < \infty, x\in\Omega, \xi\in\mathbb{R}^2, \xi\neq 0 \quad (4.6)$$

Nous introduisons l'espace de Sobolev

$$W^{1,p}(\Omega) = \left\{v \mid v, \frac{\partial v}{\partial x_i}\in L^p(\Omega)\right\}, \quad (4.7)$$

$W^{1,p}(\Omega)$ est un espace de Banach muni de la norme

$$\| v \| w^{1,p}(\Omega) = \left(\|v\|^p_{L^p(\Omega)} + \sum_{i=1}^{n}\left\|\frac{\partial v}{\partial x_i}\right\|^P_{L^{p(\Omega)}}\right)^{1/p.} \quad (4.8)$$

Nous notons

$$W_0^{1,P}(\Omega) \text{ Fermeture de } C_0^\infty(\Omega) \text{ dans } W^{1,p}(\Omega), \quad (4.9)$$

que nous munissons de la norme

$$\|v\|_{W_0^{1,p}(\Omega)} = \|\nabla v\|_{L^p(\Omega)^n}. \quad (4.10)$$

En vertu de l'inégalité de Poincaré, la norme (4.10) est équivalente à la norme (4.8) sur $W_0^{1,P}(\Omega)$.

Puis nous définissons l'espace dual $W^{-1,P}(\Omega)$ comme suit:

Etant donné $1 < p < \infty$, on définit p' par $\frac{1}{p} + \frac{1}{p'} = 1$.

Où $L^2(\Omega)$ est identifié à son dual.

On observe que l'application

$$(L^p(\Omega))^n \to W^{-1,p}(\Omega)$$

$$\phi \mapsto \text{div}\, \phi$$

est surjective. Nous munissons alors $W^{-1,p}(\Omega)$ avec la norme quotient associée, i.e.

$$\|f\|_{W^{-1,p}(\Omega)} = \inf_{\text{div} g = f} \|g\|_{(L^p(\Omega))^n}. \tag{4.11}$$

qui est une façon de définir la norme sur $W^{-1,p}(\Omega)$.

4.2.2 Rappels des résultats de régularité

- **Cas elliptique**

Nous rappelons enfin le résultat (cf. J. L. Lions et E. Magenes en 1968):

$\forall p$, *t. q.* $1 < p < \infty$, $-\Delta$ est un isomorphisme de $W_0^{-1,p}(\Omega)$ dans $W^{-1,p}(\Omega)$.

On pose $G = (-\Delta)^{-1}$ et $g(p) = \|G\|_{L(W^{-1,p}(\Omega);W_0^{-1,p}(\Omega))}$.

On souligne que $g(2) = 1$.

Nous donnons à présent deux lemmes préliminaires qui sont une conséquence du résultat de régularité de Meyers et dont on peut trouverles détails de la démonstration par A. Bensoussan, J. L. Lion, G. Papanicoulou en 1978.

On énoncera les lemmes pour tout domaine Ω dans $\mathbb{R}^n$ ($n \geq 2$) de frontière Γ suffisamment régulière.

Lemme 5: Soit $A \in (L^\infty(\Omega))^n$ tel qu'il existe $\alpha > 0$ satisfaisant

$$\sum_{i,j=1}^{n} A_{i,j}(x)\xi_i\xi_j \geq \alpha\, |\xi|^2, \forall x \in \Omega \text{ et } \xi \in \mathbb{R}^n.$$

On pose $\beta = \max_{1 \leq i,j \leq n}$.

Il existe $r(\alpha,\beta) > 2$, tel que, pour tout $f \in W^{-1,r}(\Omega)$ et $\forall$ go $\in W^{1,r}(\Omega)$, l'unique solution u du problème

$$\begin{cases}\nabla\cdot(A\nabla u)=f, \forall x\in\Omega\\ u\in H_0^1(\Omega)+go\end{cases}$$

appartient à $W^{1,r}(\Omega)$. De plus, on a l'estimation suivante:

$$\|u\|_{W^{1,r}(\Omega)} \leqslant C(\alpha,\beta,r)\|f-\nabla\cdot(A\nabla go)\|_{W^{-1,r}(\Omega)} \tag{4.12}$$

où $C(\alpha,\beta,r)$ est une constante ne dépendant que des constantes α et β caractérisant l'opérateur A et de r.

Remarque:

(1) La preuve donnée par A. Bensoussan, J. L. Lion, G. Papanicoulou, nous permet de préciser la constante $C(\alpha,\beta,r)$.

Soit $c\geqslant 0$, posons

$$\mu=\frac{\alpha+c}{\beta+c} \text{ et } v^2=\frac{\beta^2+c^2}{(\beta+c)^2}, \tag{4.13}$$

nous choisissons c t. q. $c>\frac{\beta^2-\alpha^2}{2\alpha}$ de sorte à assurer $v<\mu$. Puisque $g(2)=1$ et $0<1-\mu+v<1$, en utilisant la continuité de l'application $g(\cdot)$, on peut donc trouver $r>2$ tel que

$$g(r)(1-\mu+v)<1. \tag{4.14}$$

Ainsi, plus $(1-\mu+v)$ sera petit, plus r pourra être grand, donc la détermination de r dépendra des constantes α, β liées à l'opérateur elliptique A.

Le cas limite correspond au cas où l'opérateur A est le Laplacien, (ou proportionnel au Laplacien), alors $\mu=1$ et $v=0$ donc (4.14) est satisfaite $\forall r\geqslant 2$.

Compte tenu des précédentes estimations, nous pouvons majorer la constante $C(\alpha,\beta,r)$ par

$$C(\alpha,\beta,r)\leqslant(1-g(r)(1-\mu+v))^{-1}\frac{g(r)}{\beta+c}. \tag{4.15}$$

(2) Remarquons aussi que si le résultat est établi pour $r>2$, alors il sera vrai aussi $\forall r', 2\leqslant r'\leqslant r$.

(3) Classiquement, la condition de Dirichlet peut être integrée au second membre; par ailleurs, un calcul simple montre que

$$\|\nabla\cdot(A\nabla go)\|_{W^{-1,r}(\Omega)}\leqslant\|\nabla go\|_{(L^r(\Omega))^n} \tag{4.16}$$

- **Cas parabolique**

Enonçons, à présent, le lemme correspondant au cas parabolique.

Nous définissons

$$X_p = L^p(0,T;W_0^{1,p}(\Omega)),$$

muni de la norme:

$$\left(\int_0^T \|v(t)\|^p_{W_0^{1,p}(\Omega)} \mathrm{d}t\right)^{1/p} = \|\nabla v\|_{L^p(\Omega r)^n}$$

Nous introduisons

$$Y_p = L^p(0,T;W^{-1,P}(\Omega))$$

et nous soulignons que l'application $v \longrightarrow \mathrm{div}_x v$ envoie $(L^p(\Omega_r))^n$ sur $L^P(0,T;W^{-1,p}(\Omega))$. Nous munissons alors Y_p de la norme $\|f\|_{Y_p} = \inf \mathrm{div}_x g = f \|g\|_{L^p}(\Omega_r)^n$, nous pouvons alors énoncer l'analogue du lemme 6.

Lemme 6: Soit f et u^0 étant donnés tels que $f \in L^2(0,T,H^{-1}(\Omega))$ et $u^0 \in H$. Soit u la solution appartenant à $L^2(0,T;H_0^1(\Omega))$ de:

$$\begin{cases} \dfrac{\partial u}{\partial t} + Au = f \text{ dans } \Omega r \\ u(0) = u^0 \end{cases}$$

Alors, en supposant que Γ est suffisamment régulière, il existe $r > 2$, dépendant de α,β et Ω tel que si

$$f \in L^r(0,T;W^{-1,r}(\Omega))$$

et si

$$u^0 \in W^{-1,r}(\Omega)$$

Alors $u \in L^r(0,T;W_0^{1,r}(\Omega))$ et il existe $\hat{C}(\alpha,\beta,r) > 0$ telle que

$$\|u\|_{W_0^{1,r}(\Omega)} \leqslant \hat{C}(\alpha,\beta,r)(\|f\|_{L^r(0,T;W^{-1,r}(\Omega))} + \|u_0\|_{W_0^{1,r}(\Omega)}). \tag{4.17}$$

Remarque:

(1) Comme pour le lemme 6, nous pouvons préciser la constante $\hat{C}(\alpha,\beta,r)$.

Posons $P = \dfrac{\partial}{\partial t} - \Delta$, l'opérateur associé aux conditions de Dirichlet homogènes.

Il est connu que, étant donné $F \in Y_p$, il existe une unique solution $u \in X_p$ telle que:

$$\begin{cases} P_u = F \\ u(0) = u_0 \end{cases} \quad \text{dans} \quad \Omega_T.$$

Posons $\hat{g}(p) = \| P^{-1} \|_{L(Y_p;X_p)}$, alors $\hat{g}(2) = 1$.

En utilisantla continuité de l'application $\hat{g}(\cdot)$, on peut donc trouver $r > 2$ tel que

$$\hat{g}(r)(1 - \hat{u} + \hat{v}) < 1, \tag{4.18}$$

où les constantes $\hat{u}$, $\hat{v}$ et $\hat{c}$ sont les constantes définies précédemment par (4.13) grâce aux constantes $\hat{\alpha}, \hat{\beta}$.

A nouveau, plus $(1 - \hat{u} + \hat{v})$ sera petit, plus r pourra être grand, donc la détermination de $r$dépendra essentiellement des constantes $\hat{\alpha}, \hat{\beta}$ caractérisant l'opérateur elliptique A.

La constante $\hat{C}(\hat{\alpha}, \hat{\beta}, r)$ doit alors satisfaire:

$$\hat{C}(\hat{\alpha}, \hat{\beta}, r) \leqslant (1 - \hat{g}(r)(1 - \hat{u} + \hat{v}))^{-1} \frac{\hat{g}(r)}{\hat{\beta} + \hat{c}}. \tag{4.19}$$

(2) Nous pouvons reproduire la remarque que le problème peut être réduit au cas où la condition initiale $u^0 = 0$. En effet, on peut trouver $\phi \in L^P(0, T; W_0^{1,P}(\Omega))$, $\frac{\partial \phi}{\partial t} \in L^P(0, T; W_0^{1,P}(\Omega))$, ϕdépendant continument de u_0 (dans la topologie correspondant à l'espace précédent), telle que $\phi(0) = u_0$ alors on considère $u - \phi$ à la place de u.

4.2.3 Preuve du résultat de régularité

Détermination de l'exposant $r > 2$ en fonction des paramètres physiques:

La détermination de r dépend uniquement des coefficients d'ellipticité des opérateurs et de leur norme L_∞. Nous allons préciser cette dépendance en fonction des paramètres physiques.

Rappelons que la quantité $g(r)(1-\mu+v)$ dépend de α,β avec, dans notre cas, $\alpha=K_-,\beta=K_+$ et $g(r)=\|(\Delta)^{-1}\|_{L(W^{-1,r}(\Omega),W_0^{1,r}(\Omega))}$.

Donc

$$\mu=\frac{K_-+c}{K_-+c} \quad \text{et} \quad v^2=\frac{K_+^2+c^2}{(K_++c)^2} \tag{4.20}$$

et la constante c est choisie telle que $c>\frac{K+^2-K_-^2}{2K_-}$ de sorte à assurer $v>\mu$.

Ainsi, si r est tel que $k(r):=g(r)(1-\mu+v)<1$, alors cet exposant convient.

Réciproquement, soit r donné >2, on peut toujours adjuster K_- et K_+ pour que $k(r)=g(r)(1-\mu+v)<1$.

Concernant $\hat{g}(r)(1-\hat{u}+\hat{v})$, nous avons $\hat{\alpha}=\delta,\delta+K_+\frac{(h_2-\delta_1)}{\phi}$ et $\hat{g}(r)=\|p^{-1}\|_{L(Y_r X_r)}$.

Donc

$$\hat{u}=\frac{\hat{\alpha}+\hat{c}}{\hat{\beta}+\hat{c}} \quad \text{et} \quad \hat{v}^2=\frac{\hat{\beta}^2+\hat{c}^2}{(\hat{\beta}+\hat{C})^2}, \tag{4.21}$$

et nous choisissons $\hat{c}>0$ t. q. $\hat{c}>\frac{\hat{\beta}^2-\hat{\alpha}^2}{2\hat{\alpha}}$ de sorte à assurer $\hat{v}<\hat{u}$. Ainsi, si $r\geqslant 2$ est tel que $\hat{k}(r):=\hat{g}(r)(1-\hat{u}+\hat{v})<1$, alors cet exposant convient.

Réciproquement, soit r donné >2, on peut toujours adjuster h_2,δ_1,K_+,ϕ et δ pour que $\hat{k}(r)=\hat{g}(r)(1-\hat{u}+\hat{v})<1$.

Soit $r_1(K_-,K_+)>2$ le plus grand réel tel que $g(r_1)(1-\mu-v)<1$ où μ et v sont définis par (4.20) et soit $r_2(\phi,\delta,\delta_1,h_2,K_+)>2$, le plus grand réel tel que $\hat{g}(r_2)(1-\hat{u}-\hat{v})<1$ où $\hat{u}$ et $\hat{v}$ sont définis par (4.21), posons

$$r(\phi,\delta,\delta_1,h_2,K_-,K_+)=Inf(r_1(K_-,K_+),r_2(\phi,\delta,\delta_1,h_2,K_+)). \tag{4.22}$$

Proposition 1 : Soit (h, f) une solution du problème (4. 1)-(4. 5) et $r(\phi,\delta,\delta_1, h_2, K_-, K_+) > 2$ le réel déterminé par (4. 22). Si $(h_D, f_D) \in L^r(0,T;W^{1,r}(\Omega))^2$, $h_0 \in W^{1,r}(\Omega)$ et $(Q_s, Q_f) \in L^r(\Omega_T)^2$ alors ∇h et ∇f sont dans $L^r(\Omega_T)$, de plus on a

$$\|\nabla h\|_{L^r(\Omega_T)} \leqslant C_1(\phi, h_2, h_0, h_D, f_D, Q_s, Q_f, K_-, K_+, \delta, \delta_1) \tag{4.23}$$

et

$$\|\nabla f\|_{L^r(\Omega_T)} \leqslant C_2(\phi, h_2, h_0, h_D, f_D, Q_s, Q_f, K_-, K_+, \delta, \delta_1). \tag{4.24}$$

Pour montrer ce résultat de régularité supplémentaire, il faut repartir de la construction d'une solution du problème (4. 1)-(4. 5) dans la preuve du théorème d'existence plus précisèment de la construction de la solution du problème intermédiaire tronqué et linéarisé. Nous rappelons que cette dernière solution apparait comme le point fixe d'une application, nous allons donc intégrer à ce processus de construction le résultat de régularité $L^r(\Omega_T)$. Sans redétailler cette preuve, nous allons rappeler les résultats importants qui avaient été établis au cours de l'étape 1 de la preuve de l'existence d'une solution et y intégrer l'estimation en norme $L^r(\Omega_T)$ des gradients des inconnues.

Étape 1 Existence pour le système tronqué :

Soit M une constante que nous préciserons plus tard, pour tout $x \in \mathbb{R}_+^*$, nous Posons

$$L_M(x) = \min\left(1, \frac{M}{x}\right).$$

On introduit le problème tronqué :

$$\int_0^T \phi\langle \partial_t h, w\rangle V, V' + \int_{\Omega_T} \delta\phi \nabla h \cdot \nabla w + \int_{\Omega_T} Q_s T_s(h) w \mathrm{d}x\mathrm{d}t$$

$$+ \int_{\Omega_T} T_s(h) K(\nabla h \cdot \nabla w - L_M(\|\nabla f\|_{L^2(\Omega_t)^2}) \nabla f \cdot \nabla w) \mathrm{d}x\mathrm{d}t = 0 \tag{4.25}$$

$$\int_{\Omega_T} h_2 K \nabla f \cdot \nabla w \, \mathrm{d}x\mathrm{d}t - \int_{\Omega_T} T_s(h) K \nabla h \cdot \nabla w \, \mathrm{d}x\mathrm{d}t - \int_{\Omega_T} (Q_s T_s(h) + Q_f T_f(h)) w \, \mathrm{d}x\mathrm{d}t = 0 \tag{4.26}$$

Pour la stratégie de point fixe, nous définissons l'application $\mathcal{F}$ par

$$\mathcal{F}: \qquad (L^2(0,T;H_0^1(\Omega)))^2 \to (L^2(0,T;H_0^1(\Omega)))^2$$

$$(\bar{h} - h_D, \bar{f} - f_D) \to \mathcal{F}(\bar{h}, \bar{f}),$$

$$\mathcal{F}(\bar{h}, \bar{f}) = (\mathcal{F}_1(\bar{h}, \bar{f}) = h,\ \mathcal{F}_2(\bar{h}, \bar{f}) = f),$$

où le couple (h, f) est une solution du problème variationnel linéaire suivant, pour tout $w \in V$:

$$\int_0^T \phi \langle \partial_t h, w \rangle V, V' + \int_{\Omega_T} \delta\phi\, \nabla h \cdot \nabla w + \int_{\Omega_T} Q_s T_s(\bar{h}) w \,\mathrm{d}x\mathrm{d}t$$

$$+ \int_{\Omega_T} (T_s(\bar{h}) K \nabla h \cdot \nabla w - L_M(\|\nabla \bar{f}\|_{H^2(\Omega)}) K \nabla \bar{f} \cdot \nabla w) \,\mathrm{d}x\mathrm{d}t = 0 \qquad (4.27)$$

$$\int_{\Omega_T} h_2 K \nabla f \cdot \nabla w \,\mathrm{d}x\mathrm{d}t - \int_{\Omega_T} T_s(\bar{h}) K \nabla h \cdot \nabla w \,\mathrm{d}x\mathrm{d}t - \int_{\Omega_T} (Q_s T_s(\bar{h}) + Q_f T_f(\bar{h})) w \mathrm{d}x\mathrm{d}t$$

$$= 0. \qquad (4.28)$$

Nous savons de la théorie parabolique classique que ce système variationnel linéaire admet une solution unique. La suite de l'étape est consacrée à la preuve des propriétés que doit satisfaire l'application $\mathcal{F}$ pour appliquer le théorème du point fixe.

Dans un premier, nous montrons qu'il existe des nombres reels $A_M = A_M(\phi, \delta, K, h_0, h_D, h_2, Q_s, M, T)$ et $B_M = B_M(\phi, \delta, K, h_{1,0}, h_{1,D}, h_2, Q_s, Q_f, M, C_M, T)$ dépendant uniquement des données tels que

$$\|h\|_{L^2(0,T;H)} \leqslant A_M,\ \|f\|_{L^2(0,T;H^1)} \leqslant B_M. \qquad (4.29)$$

Dans la suite, nous posons

$$C_M = \max(A_M, B_M).$$

Puis nous montrons qu'il existe une constante $D_M > 0$ telle que $\|\partial_t h\|^2_{L^2(0,T;(H^1(\Omega))')}$ $\leqslant D_M := \frac{1}{\phi}(\|\partial_t h_D\|^2_{L^2(0,T;(H^1(\Omega))')} + \delta\phi C_M + h_2(K + C_M + M + \|Q_s\|_H))$.

Ces estimations nous permettent de montrer que $\mathcal{F}$ est continue dans $(L^2(0,T;H^1(\Omega)))^2$. Par ailleurs, en posant $A \in \mathbb{R}_+^*$ le nombre réel défini par:

$$A(M) = \max(C_M, D_M) \qquad (4.30)$$

et en introduisant W l'ensemble convexe fermé borne

$$W = \{(g, g_1) \in I(0,T) = (L^2(0,T;H^1(\Omega)) \cap H^1(0,T;V')) \times L^2(0,T;H^1(\Omega)),$$

$$g(0) = h_0, (g|\Gamma, g_1|\Gamma) = (h_D, f_D); \|(g;g_1)\|_{I(0,T)} \leqslant A(M)\},$$

nous avons prouver que $\mathcal{F}(W) \subset W$.

(Ce qui permet d'appliquer le théorème du point fixe à l'application $\mathcal{F}$ sur l'ensemble W). Nous allons améliorer ce résultat.

Soient (M', M''), deux réels strictement positifs que nous allons définir ultérieurement, nous posons

$$\widetilde{W}=\{(g,g_1) \in (L^2(0,T;H^1(\Omega)) \cap L^r(0,T;W^{1,r}(\Omega)))^2, g(0)=h_0, (g \mid \Gamma, g_1 \mid \Gamma)=(h_D, f_D);$$

$$\|(g;g_1)\|_{I(0,T)} \leqslant A(M), \|\nabla g_1\|_{L^r(\Omega_T)} \leqslant M' \ et \ \|\nabla g\|_{L^r(\Omega_T)} \leqslant M''\}. \quad (4.31)$$

Notre but est de montrer que $\mathcal{F}(\widetilde{W}) \subset \widetilde{W}$. En appliquant le lemme 6 à l'équation (4.27), nous déduisons que

$$\|\nabla h\|_{L^r(\Omega_T)^2} \leqslant$$

$$\frac{\hat{g}(r)}{(1-\hat{k}(r))(\hat{\beta}-\hat{C})}\left(\frac{h_2-\delta_1}{\phi}(K_+ \|\nabla \overline{f}\|_{L^r(\Omega_T)^2} + \|Q_s\|_{L^r(\Omega_T)}) + \|h_0\|_{W^{1,r}(\Omega)} + \|\nabla h_D\|_{L^r(\Omega_T)^2}\right). \quad (4.32)$$

De même, en appliquant le lemme 5 à l'équation (4.28), nous déduisons que

$$h_2 \|\nabla f\|_{L^r(\Omega_T)^2} \leqslant \frac{g(r)}{(1-k(r))(\beta-c)} \times$$

$$((h_2-\delta_1)(K_+ \|\nabla h\|_{L^r(\Omega_T)^2} + \|Q_s\|_{L^r(\Omega_T)}) + \|Q_f\|_{L^r(\Omega_T)} + \|\nabla f_D\|_{L^r(\Omega_T)^2})) \quad (4.33)$$

Donc

$$\|\nabla f\|_{L^r(\Omega_T)^2} \leqslant \frac{g(r)}{(1-k(r))(\beta-c)} \times \frac{\hat{g}(r)}{(1-\hat{k}(r))(\hat{\beta}-\hat{C})} \frac{(h_2-\delta_1)^2 K_+^2}{\phi h_2} \|\nabla \overline{f}\|_{L^r(\Omega_T)^2}$$

$$+ \frac{(h_2-\delta_1) \times g(r)}{h_2(1-k(r))(\beta-c)} \times \left(\left(\frac{(h_2-\delta_1) \times \hat{g}(r) K_+}{\phi(1-\hat{k}(r))(\hat{\beta}-\hat{c})} + 1\right) \|Q_s\|_{L^r(\Omega_T)}\right.$$

$$+ \frac{\hat{g}(r) K_+}{(1-\hat{k}(r))(\hat{\beta}-\hat{c})}(\|h_0\|_{W^{1,r}(\Omega)} + \|\nabla h_D\|_{L^r(\Omega_T)^2})$$

$$+ (\|Q_f\|)_{L^r(\Omega_T)} + \|\nabla f_D\|_{L^r(\Omega_T)^2})). \quad (4.34)$$

On impose qu'il existe $\gamma, 0 < \gamma < 1$ tel que $\phi, h_2, K_-, K_+, \delta$ et δ_1 satisfassent

$$\frac{g(r)}{(1-k(r))(\beta-c)} \times \frac{\hat{g}(r)}{(1-\hat{k}(r))(\hat{\beta}-\hat{C})} \frac{(h_2-\delta_1)^2 K_+^2}{\phi h_2} \leqslant 1-\gamma \quad (4.35)$$

et que la constante M ′ soit telle que les conditions initiales et aux limites ainsi que les termes sources satisfassent

$$\frac{(h_2 - \delta_1) \times g(r)}{h_2(1 - k(r))(\beta - c)} \times$$

$$\left(\frac{\hat{g}(r) K_+}{(1 - \hat{k}(r))(\hat{\beta} - \hat{c})} \frac{(h_2 - \delta_1)}{\phi} \|Q_s\|_{L^r(\Omega_T)} + \|h_0\|_{W^{1,r}(\Omega)} + \|\nabla h_D\|_{L^r(\Omega_T)^2} \right) +$$

$$(\|Q_s\|_{L^r(\Omega_T)} + \|Q_f\|_{L^r(\Omega_T)} + \|\nabla f_D\|_{L^r(\Omega_T)^2})) \leqslant \gamma M'. \quad (4.36)$$

Compte tenu de (4.34), (4.35) et (4.36), on déduit que:

$$\|\nabla f\|_{L^r(\Omega_T)^2} \leqslant M' \quad (4.37)$$

et

$$\|\nabla h\|_{L^r(\Omega_T)^2} \leqslant M'' := \frac{\hat{g}(r)}{(1 - \hat{k}(r))(\hat{\beta} - \hat{C})} \left(\frac{(h_2 - \delta_1)}{\phi} (K_+ M' + \|Q_s\|_{L^r(\Omega_T)}) \right.$$

$$\left. + \|h_0\|_{W^{1,r}(\Omega)} + \|\nabla h_D\|_{L^r(\Omega_T)^2} \right) \quad (4.38)$$

Nous soulignons que les deuxreels M' et M'' sont totalement indépendants de la troncature M. Soit $\widetilde{W}$ le convexe fermé borné défini par (4.31), nous venons de montrer que $F(\widetilde{W}) \subset \widetilde{W}$. Il découle du théorème de Schauder qu'il existe $(\tilde{h}, \tilde{f}) \in \widetilde{W}$ tel que $F(\tilde{h}, \tilde{f}) = (\tilde{h}, \tilde{f})$. Ce point fixe de F est une solution faible du problème tronqué.

À partir de cette étape, les preuves du principe du maximum et de l'élimination du terme de troncature L_M se faisant comme dans le chapitre 2, nous les omettrons. Nous venons donc de prouver la Proposition 1 établissant que le gradient de la solution de notre problème vérifie une estimation uniforme dans l'espace $L^r(\Omega_T)$.

Ainsi que nous l'avons déjà remarqué, grâce aux inégalités d'interpolation, nous avons aussi les estimations précédentes (4.37) et (4.38) dans $L^{r'}(\Omega_T)$, $\forall_{r'}, 2 \leqslant r' \leqslant r$.

4.3 Unicité dans le cas confiné avec interface diffuse

Nous sommes à présent en mesure d'établir le résultat d'unicité qui nous permet de dire que notre problème est bien posé dans l'espace $W(0,T)$ introduit précédemment.

Soit (h, f) et $(\tilde{h}, \tilde{f})$ deux solutions de (4. 1)-(4. 5).

Posons $u = h - \tilde{h} \in W(0,T)$,$v = f - \tilde{f} \in L^2(0,T,H_0^1(\Omega))$.

Alors (u,v) est solution de

$$\phi\partial_t u - \nabla\cdot(\delta\phi + KT_s(\bar{h}))\nabla u - \nabla\cdot(K(T_s(h) - T_s(\bar{h}))\nabla h)$$

$$+ \nabla\cdot(K(T_s(h) - T_s(\bar{h}))\nabla f) + \nabla(KT_s(\bar{h})\nabla v) = 0$$

$$- h_2\nabla\cdot(K\nabla v) + \nabla\cdot(K(T_s(h) - T_s(\bar{h}))\nabla h) + \nabla\cdot(KT_s(\bar{h})\nabla u) = 0$$

Théorème 7 : Soient $(\phi,h_2,K_-,K_+,\delta,\delta_1) \in (\mathbb{R}_*^+)^6$ tels que $g(4)(1-\mu+v) < 1$ et $\hat{g}(4)(1-\hat{u}+\hat{v}) < 1$, (4. 41) et (4. 42) soient vérifiées. Supposons de plus que $h_0 \in W^{1,4}(\Omega)$, $(h_D, f_D) \in L^4(0,T;W^{1,4}(\Omega)^2)$ et $(Q_s,Q_f) \in L^4(\Omega_T)^2$, alors la solution du système (4. 1)-(4. 5) est unique dans $W(0,T) \times L^2(0,T;H^1(\Omega))$.

La preuve de ce théorème repose sur le précédent résultat de régularité établi pour r = 4, qui combiné aux inégalités de Gagliardo-Nirenberg, nous permet de majorer les termes non-linéaires.

Preuve : Soit $t \in [0,T]$, nous soulignons que toutes les estimations précédemment établies au temps T, sont valides $\forall t \leqslant T$. Puisque $h,\bar{h} \in [\delta_1,\delta_2]$, $T_s(h) - T_s(\bar{h}) = \bar{h} - h = -u$, donc les deux précédentes équations se simplifient en :

$$\phi\partial_t u - \nabla\cdot(\delta\phi + KT_s(\bar{h}))\nabla u + \nabla\cdot(Ku\nabla h) - \nabla\cdot(Ku\nabla f) + \nabla(KT_s(\bar{h})\nabla v) = 0$$

$$- h_2\nabla\cdot(K\nabla v) - \nabla\cdot(Ku\nabla h) + \nabla\cdot(KT_s(\bar{h})\nabla u) = 0$$

En intégrant ces équations sur $(0,t) \times \Omega$, nous obtenons $\forall (w_1,w_2) \in W(0,T)^2$

$$\phi\int_{\Omega_t}\partial_t u w_1 + \int_{\Omega_t}(\delta\phi + KT_s(\bar{h}))\nabla u\cdot\nabla w_1$$

$$- Ku\nabla h\cdot\nabla w_1 + Ku\nabla f\cdot\nabla w_1 - KT_s(\bar{h})\nabla u\cdot\nabla w_1 = 0$$

et

$$h_2\int_{\Omega_t}K\nabla v\cdot\nabla w_2 + \int_{\Omega_t}Ku\nabla f\cdot\nabla w_2 - \int_{\Omega_t}KT_s(\bar{h})\nabla v\cdot\nabla w_2 = 0$$

En prenant $w_1 = u$ et $w_2 = v$, puisque $u(t=0,\cdot) = 0$ p.p sur Ω, la sommation des 2 équations nous donne

$$\frac{\phi}{2}\int_{\Omega} u^2(t,x)\,dx + \int_{\Omega_t}(\delta\phi + KT_s(\bar{h}))\,\nabla u \cdot \nabla u + h_2\int_{\Omega_t} K\nabla v \cdot \nabla v - 2\int_{\Omega_t} KT_s(\bar{h})\,\nabla v \cdot \nabla u$$

$$+ \int_{\Omega_t} Ku\,\nabla f \cdot \nabla u - \int_{\Omega_t} Ku\,\nabla h \cdot \nabla u + \int_{\Omega_t} Ku\,\nabla h \cdot \nabla v = 0$$

$\Leftrightarrow$

$$\frac{\phi}{2}\int_{\Omega} u^2(t,x)\,dx + \int_{\Omega_t}\delta\phi\,\nabla u^2 + \int_{\Omega_t} KT_s(\bar{h})\,\nabla(u-v)\cdot\nabla(u-v)$$

$$+ \int_{\Omega_t}\bar{h}K\,\nabla v \cdot \nabla v + \int_{\Omega_t} Ku\,\nabla(f-h)\cdot\nabla u + \int_{\Omega_t} Ku\,\nabla h \cdot \nabla v = 0$$

Par définition de $T_s(\bar{h})$, nous obtenons

$$0 \leqslant \int_{\Omega_t} KT_s(\bar{h})\,\nabla(u-v)\cdot\nabla(u-v)$$

Par ailleurs $\bar{h} \in [\delta_1, h_2]$, donc

$$\delta_1 K_- \int_{\Omega_t} |\nabla v|^2 \leqslant \int_{\Omega_t} \bar{h}K\,\nabla v \cdot \nabla v.$$

D'autre part

$$\left|\int_0^t\int_{\Omega} Ku\,\nabla(f-h)\cdot\nabla u\right| \leqslant$$

$$\int_0^t K + \left(\int_{\Omega} u^4\right)^{1/4}\left(\int_{\Omega}(\nabla(f-h))^4\right)^{1/4}\left(\int_{\Omega}|\nabla u|^2\right)^{1/2} dt \tag{4.39}$$

En utilisant la Proposition 1, on déduit que

$$\left(\int_{\Omega_t} |\nabla(f-h)|^4\right)^{1/4} \leqslant C_{4,1} + C_{4,2} := C_4\ ,$$

D'autre part l'inégalité de Gagliardo-Nirenberg avec $q = 2$ et $p = 4$ $\left(a = 1 - \frac{q}{2}\right)$ entraine que

$$\left(\int_{\Omega} |u|^4\right)^{1/4} \leqslant C_G \|u\|_{L^2(\Omega)}^{1/2} \|\nabla u\|_{L^2(\Omega)}^{1/2}.$$

Finalement l'inégalité de Young appliqué à (4.39) donne

$$\left|\int_{\Omega_t} Ku\,\nabla(f-h)\cdot\nabla u\right|$$

$$\leqslant K_+\left(\int_0^t (\|u\|_{L^2(\Omega)}^2)\,\|\nabla u\|_{L^2(\Omega)}^2\,dt)\right)^{1/4}\left(\int_{\Omega_\tau} |\nabla(f-h)|^4 dt\right)^{1/4}\left(\int_{\Omega_t} |\nabla u|^2 dt\right)^{1/2}$$

$$\leqslant K_+ C_G C_4 \max_{t\in(0,t)} \|u\|_{L^2(\Omega)}^{1/2}\left(\int_{\Omega_t} |\nabla u|^2\right)^{3/4}$$

$$\leqslant K_+ C_G C_4\left\{\frac{1}{8}\epsilon_1^{-3} \max_{t\in(0,t)} \|u\|_{L^2(\Omega)}^2 + 2\epsilon_1\int_{\Omega_t} |\nabla u|^2\right\},\ \epsilon_1 > 0.$$

De même

$$\left|\int_0^t\int_\Omega Ku\,\nabla h\cdot\nabla v\right|$$

$$\leqslant \int_0^t K_+\left(\int_\Omega u^4\right)^{1/4}\left(\int_\Omega|\nabla h|^4\right)^{1/4}\left(\int_\Omega|\nabla v|^2\right)^{1/2}\mathrm{d}t$$

$$\leqslant K_+C_G\int_0^t\|u\|_{L^2(\Omega)}^{1/2}\|\nabla u\|_{L^2(\Omega)}^{1/2\mathrm{d}t}\left(\int_\Omega|\nabla h|^4\right)^{1/4}\left(\int_\Omega|\nabla v|^2\right)^{1/2}\mathrm{d}t$$

$$\leqslant K_+C_G\left(\int_0^t\|u\|_{L^2(\Omega)}^2\|\nabla u\|_{L^2(\Omega)}^2\mathrm{d}t\right)^{1/4}\left(\int_\Omega|\nabla h|^4\right)^{1/4}\left(\int_\Omega|\nabla v|^2\right)^{1/2}$$

$$\leqslant K_+C_GC_{4,1}\max_{t\in(0,t)}\|u\|_{L^2(\Omega)}^{1/2}\left(\int_\Omega\|\nabla u\|^2\right)^{1/4}\left(\int_\Omega|\nabla v|^2\right)^{1/2}$$

$$\leqslant K_+C_GC_{4,1}\left\{\frac{1}{2\epsilon_1}\max_{t\in(0,t)}\|u\|_{L^2(\Omega)}\left(\int_\Omega|\nabla u|^2\right)^{1/2}+\frac{\epsilon_1}{2}\int_\Omega|\nabla v|^2\right\}$$

$$\leqslant K_+C_GC_{4,1}\left\{\frac{1}{16\epsilon_1^3}\max_{t\in(0,t)}\|u\|_{L^2(\Omega)}^2+\epsilon_1\int_\Omega|\nabla u|^2\right\}+\frac{K_+C_GC_{4,1}\epsilon_1}{2}\int_\Omega|\nabla v|^2$$

Finalement en regroupant toutes ces inégalité, nous obtenons:

$$\frac{\phi}{2}\int_\Omega u^2(t,x)\mathrm{d}x+(\delta\phi-K_+C_G\epsilon_1(2C_4+C_{4,1}))\int_\Omega|\nabla u|^2+\left(\delta_1K_--\frac{K_+C_GC_{4,1}}{2}\epsilon_1\right)\int_\Omega|\nabla v|^2$$

$$\leqslant\frac{K_+}{8\epsilon_1^3}C_G\left(C_4+\frac{C_{4,1}}{2}\right)\max_{t\in(0,t)}\left(\int_\Omega u^2(t,x)\mathrm{d}x\right)\tag{4.40}$$

Fixons $\epsilon_1>0$ tel que

$$\delta\phi-K_+\epsilon_1C_G(2C_4+C_{4,1})>0\tag{4.41}$$

et

$$\delta_1K_--\frac{K_+C_{4,1}C_G}{2}\epsilon_1>0\tag{4.42}$$

alors, en passant au maximum sur $(0,T)$ à gauche de l'inégalité (4.40), nous obtenons

$$\frac{\phi}{2}\max_{t\in(0,T)}\int_\Omega u^2(t,x)\mathrm{d}x\leqslant\frac{K_+}{8\epsilon_1^3}\left(C_4+\frac{C_{4,1}}{2}\right)\max_{t\in(0,T)}\int_\Omega u^2(t,x)\mathrm{d}x$$

$$\Leftrightarrow$$

$$\left(\frac{\phi}{2}-\frac{K_+}{8\epsilon_1^3}C_G\left(C_4+\frac{C_{4,1}}{2}\right)\right)\max_{t\in(0,T)}\int_\Omega u^2(t,x)\mathrm{d}x\leqslant 0\tag{4.43}$$

Ainsi si

$$\frac{\phi}{2}-\frac{K_+C_G}{8\epsilon_1^3}\left(C_4+\frac{C_{4,1}}{2}\right)>0, \tag{4.44}$$

(4.43) implique que $\max\limits_{t\in(0,T)}\int_\Omega u^2(t,x)\mathrm{d}x = 0$ et donc $u = 0$ Presque partout dans Ω_T.

Cette information, intérgrée à l'inégalité (4.40), entraine que $\int_{\Omega_T} |\nabla v|^2 = 0$ et puisque $v \in H_0^1(\Omega)$, cela conduit à $v=0$ p. p. dans Ω_T.

Le théorème est ainsi démontré.

Remarque: La condition (4.44) peut paraître très restrictive, mais nous soulignons qu'en changeant l'échelle de temps, on peut prendre un coefficient devant $\frac{\partial h}{\partial t}$ arbitrairement grand, ce qui donne un sens à l'inégalité (4.44), ϕ ne représentant alors plus la porosité.

4.4 Unicité dans le cas d'un aquifère libre

Nous allons à présent énoncer un résultat d'unicité analogue à celui énoncé dans le cas confiné. Dans le cas des aquifères libres, les inconnues sont les hauteurs des deux interfaces libres (h,h_1) et nous rappelons que le système s'écrit alors

$$\phi\partial_t h-\nabla\cdot((\delta\phi+KT_s(h))\nabla h)-\nabla\cdot(KT_s(h)\chi_0(h_1)\nabla h_1)=-\widetilde{Q}_s \tag{4.45}$$

$$\phi\partial_t h_1-\nabla\cdot(\delta\phi+K(T_s(h)+T_f(h-h_1))\nabla h_1)-\nabla\cdot(KT_s(h)\chi_0(h_1)\nabla h) = -\chi_0(h_1)(\widetilde{Q}_f+\widetilde{Q}_s) \tag{4.46}$$

où $T_s h=h_2-h$, $T_f(h)=h$, $\forall h\in(0,h_2)$ qu'on étend continument et par des constantes en dehors de $(0,h_2)$.

Le système est complété par les conditions aux limites et les conditions initiales suivantes:

$$h=h_D,\ h_1=h_{1,D},\ \text{dans } \Gamma\times(0,T), \tag{4.47}$$

$$h(0,x)=h_0(x),\ h_1(0,x)=h_{1,0}(x),\ \text{dans } \Omega, \tag{4.48}$$

avec les conditions de compatibilité

$$h_0(x)=h_D(0,x),\ h_{1,0}(x)=h_{1,D}(0,x),\ x\in\Gamma. \tag{4.49}$$

Les fonctions h_D et $h_{1,D}$ appartiennent à l'espace $L^2(0,T;H^1(\Omega))\cap H$, tandis que les fonctions h_0 et $h_{1,0}$ sont dans $H^1(\Omega)$ et nous supposons que les données initiales et aux limites satisfont des conditions physiquement naturelle de hiérarchie entre les profondeurs des interfaces:

$0 \leqslant h_{1,D} \leqslant h_D \leqslant h_2$, p. p. dans $\Gamma \times (0,T)$, $0 \leqslant h_{1,0} \leqslant h_0 \leqslant h_2$, p. p. dans Ω

Si nous supposons plus de régularité sur les données, nous pouvons alors énoncer le résultat:

Proposition 2: Soit (h, h_1) une solution de (4.45)-(4.49), alors il existe $r(\alpha, \beta) > 2$ tel que si $(h_D, h_{1,D}) \in L^r(0,T; W^{1,r}(\Omega))^2$, $(h_0, h_{1,0}) \in W^{1,r}(\Omega)^2$, $(Q_s, Q_f) \in L^r(\Omega_T)^2$, alors ∇h et ∇h_1 sont dans $L^r(\Omega_T)^2$.

De plus, on a

$$\|\nabla h\|_{L^r(\Omega_T)} \leqslant C_{r,1}(h_0, h_D, h_{1,0}, h_{1,D}, Q_s, Q_f, h_2, \delta, K) \tag{4.50}$$

$$\|\nabla h_1\|_{L^r(\Omega_T)} \leqslant C_{r,2}(h_0, h_D, h_{1,0}, h_{1,D}, Q_s, Q_f, h_2, \delta, K) \tag{4.51}$$

La preuve de cette proposition reprend les étapes de la proposotion précédente donnée dans le cas confiné mais elle est plus technique.

Précisons qu'ici $\alpha = \delta$ et $\beta = \delta + \dfrac{K_+ h_2}{\phi}$.

Ce résultat s'inscrivant dans le cadre plus général d'un système couplé d'équations paraboliques quasi-linéaires et dont la démonstration est donnée par C. Choquet et C. Rosier, nous n'entrerons pas plus dans les détails.

Nous conclurons cette section, en énonçant le théorème d'unicité:

Théorème 8: Supposons que $(h_2, \delta, K_+, \phi) \in \mathbb{R}_*^{+4}$ soient tels que $\hat{g}(4)(1-\hat{\mu}+\hat{v}) < 1$ et que les données initiales et aux limites vérifient les hypothèses de la Proposition 2, alors la solution du système (4.45)-(4.49) est unique dans $W(0,T)^2$.

Remarque:

(1) Les paramètres physiques sont ajustés de sorte que $r \geqslant 4$.

(2) A nouveau, la preuve de ce résultat repose sur le même arguments que celui établi dans le cas confiné mais est plus technique.

5 Identification des paramètres dans le cas instationnaire

5.1 Introduction

Dans ce chapitre, nous nous intéressons à l'identification de la conductivité hydraulique K et de la porosité φ. Il s'agit d'estimer ces paramètres en fonction d'observations ou de mesures sur le terrain faites sur les charges hydrauliques et sur la profondeur de l'interface eau douce/eau salée. Notons que, concrètement, nous ne disposons que d'observations ponctuelles (en espace et en temps) correspondant aux nombres du puits de monitoring.

Par ailleurs le phénomène d'intrusion marine est souvent transitoire et l'étude de sensibilité proposé par P. Ranjan, S. Kazama, M. Sawamoto montre que la forme de l'interface eau douce/eau salée dépend essentiellement de la conductivité hydraulique, les autres paramètres telle que la porosité impactent surtout le temps mis à atteindre le régime permanent, c'est pourquoi on doit considérer le modèle instationnaire pour identifier simultanément ces deux paramètres.

Soulignons aussi que la problématique d'identification de paramètres a souvent été abordée dans le cadre de l'hydraulique souterraine, mais plus rarement en ce qui concerne le phénomène d'intrusion saline, les première études faites par Sun et Yeh développent le cas des résolutions de problèmes inverses pour des systèmes couplés et proposent, notamment, dans le cas de l'intrusion saline, le système adjoint associé au système stationnaire correspondant.

Notons enfin que les études existantes concernent essentiellement les résolutions numériques de ces problèmes inverses. Cependant M. E. Talibi et M. H. Tber ont démontré l'existence du contrôle optimal et ont donné les conditions nécéssaires d'optimalité dans le cas d'une interface eau salée/eau douce stationnaire.

Ce chapitre est une généralisation de ce travail au cas instationnaire. Le problème inverse se traduit alors par un problème d'optimisation, la fonction coût calculant l'écart quadratique entre la profondeur de l'interface (et la charge hydraulique d'eau douce) mesurées et celles données par le modèle. Le convexe décrit par les paramètres admissibles est l'espace des fonctions à variations bornées ce qui permet de tenir compte de leurs discontinuités.

Le chapitre s'organise comme suit: Dans un premier temps, nous rappelons les propriétés essentielles de l'espace des fonctions à variations bornées. Le problème d'identification se ramène alors à chercher le minimum de la fonction coût associée à la solution du problème instationnaire. Grâce aux résultats de régularité établis aux chapitre 2 et 4 pour la solution du problème exact, nous montrons l'existence du contrôle optimal.

Puis en considérant ce système comme une contrainte pour le problème d'optimisation et en introduisant le Lagrangien associé à la fonction coût et à la solution du problème instationnaire, nous établissons que le système d'optimalité (constitué par les équations d'état, les équations d'état adjoint et la condition d'optimalité) admet au moins une solution.

Nous établissons ces résultats en ne considérant que K comme paramètre à identifier puis nous généralisons l'étude au cas de l'identification simultanée de la conductivité hydraulique K et de la porosité ϕ.

5.2 Formulation du problème

L'espace $BV(\Omega)$ **:**

On se place sur un domaine Ω ouvert et borné de $\mathbb{R}^n$, de frontière Γ lipschitzienne, on note $M_b(\Omega)$ l'espace des mesures de Radon bornée sur Ω, $M_b(\Omega)$ est le dual topologique de l'espace des fonctions continues sur Ω s'annulant sur Γ muni de la topologie de la convergence uniforme. C'est un espace de Banach pour la norme

$$\|u\|_{M_b(\Omega)} = |u|(\Omega) = \int_{\Omega} |u| ,$$

où $|u|(\Omega)$ représente la variation totale de u sur Ω et $|u| = u^+ - u_-$, avec:

$$u^+ = \sup_{x\in\Omega} |u(x)|, u^- = -\inf_{\in\Omega} |u(x)|.$$

En utilisant la définition de la dualité de $M_b(\Omega)$, on peut également définir $\|u\|_{M_b(\Omega)}$ de la façon suivant:

$$\|u\|_{M_b(\Omega)} = \int_{\Omega} |u| = \sup\left\{\int_{\Omega} v(x)\,\mathrm{d}u(x), v \in C_0(\Omega), \|v\|_{L^\infty} \leqslant 1\right\}.$$

Définition.1. Soit f une fonction de $L^1(\Omega)$; on appelle variation totale de f sur Ω le réel

$$TV(f) = \sup\left\{\int_{\Omega} f(x)\,\mathrm{div}v(x)\,\mathrm{d}x, v \in C_0^\infty(\Omega)^n, \|v\|_\infty \leqslant 1\right\}.$$

f est dite à variation bornée si $TV(f) < \infty$.

On note $BV(\Omega)$ l'espace des fonctions de $L^1(\Omega)$ à variation bornée sur Ω, qui est un espace de Banach pour la norme

$$\|f\|_{BV(\Omega)} = \|f\|_1 + TV(f).$$

Pour conclure cette section, nous rappelons quelques propriétés de l'espace $BV(\Omega)$ utiles pour la suite.

Proposition 3: Soit $(f_n)_{n\in\mathbb{N}}$ une suite d'éléments de $BV(\Omega)$, alors

1. Si $f_n \to f$ dans $L^1(\Omega)$ alors

$$TV(f) \leqslant \liminf_{n\to\infty} TV(f_n)$$

2. Si $(f_n)_{n\in\mathbb{N}}$ est bornée dans $BV(\Omega)$, alors il existe une function f de $BV(\Omega)$ telle que, à une sous suite prés,

$$f_n \to f \text{ dans } L^1(\Omega).$$

3. Pour tout f dans $BV(\Omega) \cap L^r(\Omega)$ et $r \in [1, +\infty]$, il existe une sous suite $(f_n)_n$ de $C^\infty(\bar{\Omega})$ telle que

$$\lim_{n \to \infty} \int_\Omega |f - f_n|^r d\Omega = 0 \text{ et } \lim_{n \to \infty} TV(f_n) = TV(f).$$

4. Soit $(f_n)_{n \in \mathbb{N}}$ une suite dans U_{adm} qui converge fortement dans $L^1(\Omega)$ vers un élément f. Alors f est dans U_{adm} et $(f_n)_{n \in \mathbb{N}}$ converge fortement vers f dans $L^T(\Omega)$ pour tout $r \in [1, +\infty]$

Preuve de 4: Comme f_n converge vers f dans $L^1(\Omega)$ et $K_m \leqslant f_n \leqslant K_M$, alors on a $K_m \leqslant f_n \leqslant K_M$ presque partout sur Ω. De plus, par (1) de la proposition précédente on a:

$$TV(f) \leqslant c,$$

d'où $f \in U_{adm}$.

La seconde partie de la démonstartion découle de l'estimation suivant:

$$\|f_n - f\|^r_{L^r(\Omega)} \leqslant mes(\Omega)(K_M - K_m)^{r-1} \|f_n - f\|_{L^1(\Omega)}$$

pour tout $r \in [1, +\infty]$.

Formulation du problème:

Etant donné une observation répartie de la charge hydraulique de l'eau douce $\bar{\phi}_f$ et de la profondeur de l'interface eau douce / eau salée, h, appartenant à $L^2(\Omega)^2$, notre objectif est d'identifier la conductivité hydraulique et la porosité correspondante, (K^*, ϕ^*), dans le cas de l'écoulement instationnaire régi par le système (5.1)-(5.5). Pour étudier ce problème nous introduisons le problème de contrôle suivant:

$$(\mathcal{O}_c)\begin{cases} \text{Trouver}(K^*, \phi^*) \in U_{adm} \text{ tel que} \\ \mathcal{J}(K^*, \phi^*) = \inf_{(K,\phi) \in U_{adm}} \mathcal{J}(K, \phi) \end{cases} \tag{5.1}$$

où

$$\mathcal{J}(K, \phi) = \frac{1}{2} \|\phi_f(K, \phi) - \phi_{f,obs}\|^2_{L^2(\Omega_T)} + \frac{1}{2} \|h(K, \phi) - h_{obs}\|^2_{L^2(\Omega_T)}$$

Le tenso $K = K \cdot Id$, donc K est un scalaire, avec $(\phi_f(K, \phi), h(K, \phi))$ la solution du problème variationnel (4.1)-(4.5), $(\phi_{f,obs}, h_{obs})$ étant les charges hydrauliques observées. Nous soulignons que dans la plupart des situations pratiques, déterminer la profondeur de l'eau douce / l'eau salée nécessite de creuser des puits qui doivent arriver à des niveaux, souvent, très profonds sous la surface, mais cela reste concevable.

Afin d'assurer l'existence d'une solution de $(\mathcal{O}_c)$, il faut choisir soigneusement l'ensemble des paramètres admissibles U_{adm}. Prendre U_{adm} dans l'espace $L^\infty(\Omega)$ assure bien sûr l'existence et l'unicité de la solution du problème direct (sous certaines conditions sur les paramètres physiques) mais ne permet pas d'avoir l'existence du contrôle optimal, d'autre part, le choix de U_{adm} dans $H^1(\Omega)$ est trop contraignant et doit être affaibli. Nous proposons donc de travailler sur l'ensemble des paramètres admissibles:

$U_{\text{adm}} = \{(K,\phi) \in (BV(\Omega) \cap L^\infty(\Omega))^2, \phi_m \leqslant \phi \leqslant \phi_M, K_m \leqslant K \leqslant K_M \text{ et } TV(K,\phi) \leqslant c\}$.

où ϕ_m, ϕ_M, K_m, K_M, et c sont des constantes réelles strictement positives.

Dans un premier temps, nous allons limiter notre étude à l'identification de la condutivité hydraulique, on supposera donc connue la porosité. Dans ce cas le problème de contrôle $(\mathcal{O}_c)$ devient:

$$(\mathcal{O})\begin{cases}\text{Trouver } K^* \in U_{\text{adm}} \text{ tel que} \\ \mathcal{J}(K^*) = \inf_{K \in U_{\text{adm}}} \mathcal{J}(K)\end{cases}$$

avec

$$\mathcal{J}(K) = \frac{1}{2}\|\phi_f(K) - \phi_{f,\text{obs}}\|_{L^2(\Omega_r)} + \frac{1}{2}\|h(K) - h_{\text{obs}}\|^2_{L^2(\Omega_r)} + \lambda^2 TV(K).$$

Soient K_m, K_M et c sont constantes fixées, on définit:

$U_{\text{adm}} = \{K \in BV(\Omega) \cap L^\infty(\Omega)), K_m \leqslant K \leqslant K_M \text{ et } TV(K) \leqslant c\}$,

$(BV(\Omega), \|\cdot\|_{BV(\Omega)})$ est l'espace de Banach des fonctions à variation bornée sur Ω pour lequel nous allons rappeler quelques résultats connus. $TV(K)$, définie ci-dessous, désigne la variation totale de K.

Corollaire. 1. U_{adm} est un sous ensemble compact de $L^r(\Omega)$ pour tout $r \in [1, +\infty]$.

Preuve: Ce corollaire est une conséquence immédiate des points 3. et 4. de la proposition précédente.

5.3 Existence du contrôle optimal

A partir des résultat établis dans le chapitre précédent, nous allons étudier dans cette section le problème ($\mathcal{O}$). Dans la suite on supposera toutes les hypothèses assurant l'existence, les estimations a priori, la régularité et l'unicité de la solution du problème direct, et nous désignerons par $\phi(K)=(\phi_f(K), h(K))$ la solution du problème variationnel correspondant à une conductivité donnée K.

Nous donnons maintenant le résultat principal de cette section.

Théorème 9: Il existe au moins un contrôle optimal pour le problème ($\mathcal{O}$).

Preuve: Soit $(K_n)_{n\in\mathbb{N}} \subset U_{\text{adm}}$ une suite minimisante telle que

$$\mathcal{J}(K_n) \to \mathcal{J}^* = \inf_{K\in U_{\text{adm}}} \mathcal{J}(K).$$

Du corollaire 1, on déduit qu'il existe une sous suite, toujours notée K_n, et une fonction $K^* \in U_{\text{adm}}$ tels que

$$K_n \to K^* \text{ fortement dans } L^2(\Omega). \tag{5.2}$$

D'autre part, d'après le théorème d'existence pour le cas confiné et $\beta=1$, la solution $\phi=(\phi_f^n, h^n)=(\phi_f(K_n), h(K_n))$ du problème variationnel, vérifie:

$$\|\phi_f^n\|_{L^2(0,T,H^1(\Omega))} + \|h^n\|_{L^2(0,T,H^1(\Omega))} \leqslant C, \delta_1 \leqslant h^n \leqslant h_2, \tag{5.3}$$

$$\|\partial_t h^n\|_{L^2(0,T,V')} \leqslant C, \tag{5.4}$$

où C est une constante ne dépendant pas de n.

Nous pouvons alors reprendre le raisonnement du passage à la limite que nous avons fait dans la démonstation de l'existence globale en temps du problème (4.1)-(4.5).

Puisque $(h^n)_n$ est uniformément bornée dans $W(0,T)$, nous déduisons grâce au résultat de compacité d'Aubin que $(h^n - h_D)_n$ est sequentiellement compacte dans $L^2(0,T,H)$. Par ailleurs $(\phi_f^n)_n$ est faiblement sequentiellement compacte dans $L^2(0,T;H^1(\Omega))$.

On peut donc extraire une sous-suite, non renommée, $(\phi_f^n, h^n - h_D)_n \in L^2(0,T;H^1(\Omega)) \times W(0,T)$ et $(\phi_f^*, h^* - h_D) \in L^2(0,T;H^1(\Omega)) \times W(0,T)$ telle que:

$$h^n \to h^* \text{ dans } L^2(0,T;H) \text{ et p. p. dans } [0,T]\times\Omega,$$
$$\partial_t h^n \to \partial_t h^* \text{ faiblement dans } L^2(0,T;V'),$$
$$\phi_f^n \to \phi_f^* \text{ dans } L^2(0,T;H^1(\Omega)).$$

Ce qui permet de passer à la limite dans la formulation variationnelle.

Donc de l'unicité de la solution, il vient que:

$$\phi^* = (\phi_f^*, h^*) = (\phi_f(K^*), h(K^*)) \text{ et donc } \mathcal{J}(K^*) = \mathcal{J}^*.$$

Ce qui termine la démonstration.

5.4 Conditions d'optimalité

Le problème d'identification se ramène à chercher le minimum de la fonction coût $\mathcal{J}$, le système d'état étant le problème instationnaire (4.1)-(4.5). On considére ce système comme une contrainte pour le problème d'optimisation et on introduit le Lagrangien $\mathcal{L}$defini comme suit:

$$\begin{aligned}
\mathcal{L}(\phi_f,h,\lambda_i,K) &= \mathcal{J}(K) + \int_{t_0}^{t_f}\int_\Omega \phi \frac{\partial h}{\partial t}\lambda_i \mathrm{d}x\mathrm{d}t \\
&+ \int_{t_0}^{t_f}\int_\Omega (\delta\phi + \alpha K(x)T_s(h))\,\nabla h \cdot \nabla\lambda_i \mathrm{d}x\mathrm{d}t - \int_{t_0}^{t_f}\int_\Omega KT_s(h)\,\nabla\phi_f \cdot \nabla\lambda_i \mathrm{d}x\mathrm{d}t \\
&+ \int_{t_0}^{t_f}\int_\Omega K(x)(h_2 - h_1)\,\nabla\phi_f \cdot \nabla\lambda_f \mathrm{d}x\mathrm{d}t - \int_{t_0}^{t_f}\int_\Omega \alpha K(x)T_s(h)\,\nabla h \cdot \nabla\lambda_f \mathrm{d}x\mathrm{d}t \\
&+ \int_{t_0}^{t_f}\int_\Omega Q_s\lambda_i \mathrm{d}x\mathrm{d}t - \int_{t_0}^{t_f}\int_\Omega (Q_s + Q_f)\lambda_f \mathrm{d}x\mathrm{d}t. \qquad (5.5)
\end{aligned}$$

La solution correspond alors à un point selle de ce Lagrangien considéré comme une fonction des variables indépendantes $h, \phi_f, \lambda_i, \lambda_f$ et K avec λ_i et λ_f les multiplicateurs de Lagrange. Le minimum recherché, K^*, vérifie le système d'optimalité suivant:

$$\begin{cases}
\dfrac{\partial \mathcal{L}}{\partial \lambda_i}(\phi_f^*, h^*, \lambda_f^*, \lambda_i^*, K^*) = 0, & \dfrac{\partial \mathcal{L}_f}{\partial \lambda_f}(\phi_f^*, h^*, \lambda_f^*, \lambda_i^*, K^*) = 0 \\
\dfrac{\partial \mathcal{L}}{\partial h}(\phi_f^*, h^*, \lambda_f^*, \lambda_i^*, K^*) = 0, & \dfrac{\partial \mathcal{L}}{\partial \phi_f}(\phi_f^*, h^*, \lambda_f^*, \lambda_i^*, K^*) = 0 \\
\dfrac{\partial \mathcal{L}}{\partial K}(\phi_f^*, h^*, \lambda_f^*, \lambda_i^*, K^*) \cdot (K-K^*) \geqslant 0, & \forall K \in U_{\text{adm}}.
\end{cases} \qquad (5.6)$$

En outre le système d'état est donné par:

$$\begin{cases}\phi\dfrac{\partial h}{\partial t}-\operatorname{div}(\alpha KT_s(h)\nabla h)+\operatorname{div}(KT_s(h)\nabla\phi_f)=-Q_s,\\ -\operatorname{div}(K(h_2-h_1)\nabla\phi_f)+\operatorname{div}(\alpha KT_s(h)\nabla h)=Q_f+Q_s,\end{cases}\tag{5.7}$$

$$h=h_D,\phi_f=\phi_{f,D},\text{sur }\Gamma_D,\tag{5.8}$$

$$h(0,x)=h_0(x),\ \forall x\in\Omega,\tag{5.9}$$

et le système d'état adjoint est donné par le système rétrograde suivant:

$$\begin{cases}-\phi\dfrac{\partial\lambda_i}{\partial t}-\operatorname{div}((\delta\phi+\alpha KT_s(h))\nabla\lambda_i)-\alpha K(x)\nabla h\cdot\nabla\lambda_i+K(x)\nabla\phi_f\cdot\nabla\lambda_i,\\ +\operatorname{div}(\alpha K(x)T_s(h)\nabla\lambda_f)+\alpha K(x)\nabla h\cdot\nabla\lambda_f=h_{\text{obs}}-h,\\ -\operatorname{div}(K(x)(h_2-h_1)\nabla\phi_f)+\operatorname{div}(K(x)T_s(h)\nabla\lambda_i)=\phi_{f,\text{obs}}-\phi_f,\end{cases}\tag{5.10}$$

$$\lambda_i=0,\lambda_f=0\text{ sur }\Gamma_D,\lambda_i(t_f,x)=0,\ \forall x\in\mathbb{R}\ .\tag{5.11}$$

Proposition 4: Soi $(\phi_f,h)=\phi(K)$ la solution de (4.1)-(4.5) associée à la conductivité hydraulique $K(\in U_{\text{adm}})$. Alors le problème adjoint:

Trouver $(\lambda_i,\lambda_f)\in W(0,T)\times H_0^1(\Omega)$ tel que, $\forall(\varphi_f,\varphi_i)\in H_0^1(\Omega)^2$:

$$\begin{cases}\displaystyle\int_0^T\int_\Omega\left[-\phi\frac{\partial\lambda_i}{\partial t}\varphi_i+(\delta\phi+\alpha K(x)T_s(h))\nabla\lambda_i\cdot\nabla\varphi_i-\alpha K(x)T_s(h)\nabla\lambda_f\cdot\nabla\varphi_i\right]\mathrm{d}x\mathrm{d}t\\ \displaystyle+\int_0^T\int_\Omega[K(x)(\nabla\phi_f-\alpha\nabla h)\cdot\nabla\lambda_i+\alpha K(x)\nabla h\cdot\nabla\lambda_f]\varphi_i\mathrm{d}x\mathrm{d}t=\int_0^T\int_\Omega(h_{\text{obs}}-h)\varphi_i\,\mathrm{d}x\mathrm{d}t,\\ \displaystyle\int_0^T\int_\Omega[K(x)(h_2-h_1)\nabla\lambda_f\cdot\nabla\varphi_f-K(x)T_s(h)\nabla\lambda_i\cdot\nabla\varphi_f]\mathrm{d}x\mathrm{d}t=\int_0^T\int_\Omega(\phi_{f,\text{obs}}-\phi_f)\varphi_f\,\mathrm{d}x\mathrm{d}t\end{cases}$$

admet une unique solution.

Preuve: Dans un premier temps, nous posons $t=t_f-t'$, le système (5.12) devient alors:

$$\begin{aligned}&\int_0^T\int_\Omega\left[-\phi\frac{\partial\lambda_i}{\partial t}\varphi_i+(\delta\phi+\alpha K(x)T_s(h))\nabla\lambda_i\cdot\nabla\varphi_i-\alpha K(x)T_s(h)\nabla\lambda_f\cdot\nabla\varphi_i\right]\mathrm{d}x\mathrm{d}t\\&\quad+\int_0^T\int_\Omega[K(x)(\nabla\phi_f-\alpha\nabla h)\cdot\nabla\lambda_i+\alpha K(x)\nabla h\cdot\nabla\lambda_f]\varphi_i\mathrm{d}x\mathrm{d}t\\&\quad=\int_0^T\int_\Omega(h_{\text{obs}}-h)\varphi_i\mathrm{d}x\mathrm{d}t,\end{aligned}\tag{5.13}$$

$$\int_0^T\int_\Omega [K(x)(h_2 - h_1)\nabla\lambda_f \cdot \nabla\varphi_f - K(x)T_s(h)\nabla\lambda_i \cdot \nabla\varphi_f]\mathrm{d}x\mathrm{d}t$$

$$= \int_0^T\int_\Omega (\phi_{f,\mathrm{obs}} - \phi_f)\varphi_f \,\mathrm{d}x\mathrm{d}t\ , \tag{5.14}$$

et la condition initialedeviant $\lambda_i(0,x) = 0,\ \forall x \in \Omega$.

Il s'agit d'un système couplé d'équations linéaires elliptique-parabolique.

Pour montrer l'existence d'une solution du système (4.1)-(4.5), nous allons procéder de la même façon que pour la preuve de l'existence globale d'une solution dans le cas confiné avec interface diffuse (cf. Chapitre 2). Nous soulignons que la seule difficulté dans le cas présent est la présence des termes linéaires $\int_{\Omega_T} K(\nabla\phi_f - \alpha\nabla h)\cdot\nabla\lambda_i, \int_{\Omega_T} K\nabla h\cdot\nabla\lambda_f$ pour lesquels nous allons utiliser le résultat de régularité établi au chapitre 4, donnant une estimation de la norme $L^r(r>2)$ des gradients de h et de ϕ_f.

Existence globale en temps:

Pour la stratégie du point fixe, nous introduisons l'application $\mathcal{F}$

$$\mathcal{F}\ : L^2(0,T;H_0^1(\Omega))^2 \ \longrightarrow\ L^2(0,T;H_0^1(\Omega))^2,$$

$$(\bar\lambda_i,\bar\lambda_f) \ \longrightarrow\ \mathcal{F}(\bar\lambda_i,\bar\lambda_f) = (\lambda_i,\lambda_f),$$

avec $\mathcal{F}(\bar\lambda_i,\bar\lambda_f) = (\mathcal{F}_1(\bar\lambda_i,\bar\lambda_f),\mathcal{F}_2(\bar\lambda_i,\bar\lambda_f))$, le couple (λ_i,λ_f) est solution du problème variationnel.

$$\int_0^T \langle\phi\partial_t\lambda_i, w\rangle_{V',V}\,\mathrm{d}t + \int_{\Omega_T}(\delta\phi + \alpha K T_s(h))\nabla\lambda_i\cdot\nabla w\mathrm{d}x\mathrm{d}t$$

$$-\alpha\int_{\Omega_T} K(x)T_s(h)L_M(\|\nabla\bar\lambda_f\|_{L^2(\Omega_T)})\nabla\bar\lambda_f\cdot\nabla w\mathrm{d}x\mathrm{d}t$$

$$+\int_{\Omega_T} K(x)L_M(\|\nabla\bar\lambda_i^n\|_{L^2(\Omega_T)^2})\cdot\nabla\bar\lambda_i^n\cdot w\mathrm{d}x\mathrm{d}t$$

$$+\alpha\int_{\Omega_T} K(x)L_M(\|\nabla\bar\lambda_f\|_{L^2(\Omega_T)^2})\nabla\bar\lambda_f\cdot\nabla h w\mathrm{d}x\mathrm{d}t = \int_{\Omega_T}(h - h_{\mathrm{obs}})w\mathrm{d}x\mathrm{d}t \tag{5.15}$$

$$\int_{\Omega_T} K(x)(h_2 - h_1)\nabla\lambda_f\cdot\nabla w\mathrm{d}x\mathrm{d}t - \int_{\Omega_T} K(x)T_s(h)\nabla\lambda_i\cdot\nabla w\mathrm{d}x\mathrm{d}t$$

$$= \int_{\Omega_T}(\phi_f - \phi_{f,\mathrm{obs}})w\mathrm{d}x\mathrm{d}t \tag{5.16}$$

$\forall w \in H_0^1(\Omega)$ (La fonction $L_M(x) = \min\left(1, \dfrac{M}{x}\right)$, $x \in \mathbb{R}_+$ et M est une constante > 0 qu'on précisera ultérieurement).

Nous savons grâce à la théorie classique sur les équations paraboliques et elliptiques linéaires que le précédent système variationnel admet une unique solution.

Montrons la continuité de $\mathcal{F}$, donc celles de $\mathcal{F}_1$ et $\mathcal{F}_2$.

Continuité de $\mathcal{F}_1$:

Soit $(\bar{\lambda}_i^n, \bar{\lambda}_f^n)$ une suite de fonction de $L^2(0,T;H_0^1(\Omega))^2$ et $(\bar{\lambda}_i, \bar{\lambda}_f) \in L^2(0,T;H_0^1(\Omega))^2$ tels que $(\bar{\lambda}_i^n, \bar{\lambda}_f^n) \to (\bar{\lambda}_i, \bar{\lambda}_f)$ dans $L^2(0,T;H_0^1(\Omega))$.

Posons $\lambda_{i,n} = \mathcal{F}_1(\bar{\lambda}_i^n, \bar{\lambda}_f^n)$ et $h = \mathcal{F}_1(\bar{\lambda}_i, \bar{\lambda}_f)$, montrons qu'alors $\lambda_{i,n} \to \lambda$ dans $L^2(0,T;H_0^1(\Omega))$.

Prenons $W = \lambda_{i,n}$ dans (5.15) écrite avec $\lambda_{i,n}$ et $\bar{\lambda}_f^n$. Nous obtenons après quelques transformations:

$$\frac{\phi}{2}\left(\|\lambda_{i,n}\|_H^2 - \underbrace{\|\lambda_{i,n}(0,\cdot)\|_H^2}_{=0}\right) + \underbrace{\int_{\Omega_T}(\delta\phi + \alpha K T_s(h))\,\nabla\lambda_{i,n}\cdot\nabla\lambda_{i,n}\,\mathrm{d}x\mathrm{d}t}_{(1)}$$

$$\underbrace{-\alpha\int_{\Omega_T} K(x)\,T_s(h)\,L_M(\|\nabla\bar{\lambda}_f^n\|_{L^2(\Omega_T)^2})\,\nabla\bar{\lambda}_f^n\cdot\nabla\lambda_{i,n}\,\mathrm{d}x\mathrm{d}t}_{(2)}$$

$$\underbrace{+\int_{\Omega_T} K(x)(\nabla\phi_f - \alpha\nabla f)\cdot\nabla\bar{\lambda}_i^n L_M(\|\nabla\bar{\lambda}_i^n\|_{L^2(\Omega_T)^2})\,\lambda_{i,n}\,\mathrm{d}x\mathrm{d}t}_{(3)}$$

$$\underbrace{+\alpha\int_{\Omega_T} K(x)\,L_M(\|\nabla\bar{\lambda}_f^n\|_{L^2(\Omega_T)^2})\,\nabla\bar{\lambda}_f^n\cdot\nabla h\,\lambda_{i,n}\,\mathrm{d}x\mathrm{d}t}_{(4)}$$

$$= \underbrace{\int_{\Omega_T}(h - h_{\mathrm{obs}})\,\lambda_{i,n}\,\mathrm{d}x\mathrm{d}t.}_{(5)}$$

Clairement $(1) \geqslant \delta\phi\|\nabla\lambda_{i,n}\|_{L^2(\Omega_T)}^2$.

Par ailleurs, grâce aux inégalités de Cauchy-Schwarz et de Young ainsi qu'aux inégalités de Gagliardo-Nirenberg, on obtient $\forall \epsilon > 0$:

$$|(2)| \leqslant \alpha K_+ h_2 M\sqrt{T}\, \|\nabla\lambda_{i,n}\|_{L^2(\Omega_T)} \leqslant \frac{\alpha^2 K_+^2 h_2^2 M^2 T}{2\epsilon} + \frac{\epsilon}{2}\|\nabla\lambda_{i,n}\|^2_{L^2(\Omega_T)},$$

$$|(3)| \leqslant \int_0^T L_M(\|\nabla\bar{\lambda}_i^n\|_{L^2(\Omega_T)^2}) \left|\int_\Omega K(x)(\nabla\phi_f - \alpha\nabla h)\cdot\nabla\bar{\lambda}_i^n \lambda_{i,n}\mathrm{d}x\mathrm{d}t\right|$$

$$\leqslant L_M(\|\nabla\bar{\lambda}_i^n\|_{L^2(\Omega_T)^2}) K + \left\{\left(\int_\Omega |\nabla\phi_f|^4\mathrm{d}x\right)\right.$$

$$\left. + \alpha\left(\int_\Omega |\nabla h|^4\mathrm{d}x\right)\right\}^{1/4}\left(\int_\Omega \lambda_{i,n}^4\mathrm{d}x\right)^{1/4}\left(\int_\Omega |\nabla\bar{\lambda}_i^n|^2\right)^{1/2}\mathrm{d}t$$

$$\leqslant L_M(\|\nabla\bar{\lambda}_i^n\|_{L^2(\Omega_T)^2}) K + \left\{\left(\int_{\Omega_T} |\nabla\phi_f|^4\mathrm{d}x\right) + \alpha\left(\int_{\Omega_T} |\nabla h|^4\mathrm{d}x\right)\right\}^{1/4}$$

$$\cdot\, C(4,\Omega)\left(\int_\Omega |\nabla\lambda_{i,n}|^2\mathrm{d}x\right)^{1/4}\left(\int_\Omega \lambda_{i,n}^2\mathrm{d}x\right)^{1/4}\left(\int_\Omega |\nabla\bar{\lambda}_i^n|^2\right)^{1/2}\mathrm{d}t$$

$$\leqslant L_M(\|\nabla\bar{\lambda}_i^n\|_{L^2(\Omega_T)^2}) K_+ C(4,\Omega) \underbrace{(\|\nabla\phi_f\|_{L^4(\Omega_T)} + \alpha\|\nabla h\|_{L^4(\Omega_T)})}_{\leqslant C_4(1+\alpha)}$$

$$\cdot\left(\int_0^T \|\lambda_{i,n}\|^2_{L^2(\Omega)}\|\nabla\lambda_{i,n}\|^2_{L^2(\Omega)}\mathrm{d}t\right)^{1/4}\|\nabla\bar{\lambda}_i^n\|_{L^2(\Omega_T)}$$

$$\leqslant K_+^2 C_4^2(1+\alpha)^2 C^2(4,\Omega) M^2 \times \frac{1}{2\epsilon} + \frac{\epsilon}{2}\left(\int_0^T \|\lambda_{i,n}\|^2_{L^2(\Omega)}\|\nabla\lambda_{i,n}\|^2_{L^2(\Omega)}\mathrm{d}t\right)^{1/2}$$

$$\leqslant \frac{K_+^2 C_4^2(1+\alpha)^2 C^2(4,\Omega) M^2}{2\epsilon} + \frac{\epsilon}{4}\max_{t\in(0,T)}\|\lambda_{i,n}\|^2_{L^2(\Omega)} + \frac{\epsilon}{4}\int_{\Omega_T}|\nabla\lambda_{i,n}|^2.$$

De la même façon:

$$|(4)| \leqslant \alpha K + L_M(\|\nabla\bar{\lambda}_f^n\|_{L^2(\Omega_T)^2})\int_0^T\left(\int_\Omega |\nabla h|^4\mathrm{d}x\right)^{1/4}\left(\int_\Omega \lambda_{i,n}^4\right)^{1/4}\left(\int_\Omega |\nabla\bar{\lambda}_f^n|^2\right)^{1/2}\mathrm{d}t$$

$$\leqslant \alpha K + MC_4\left(\int_0^T \|\lambda_{i,n}\|^2_{L^2(\Omega)}\|\nabla\lambda_{i,n}\|^2_{L^2(\Omega)}\mathrm{d}t\right)^{1/4}$$

$$\leqslant \alpha^2 K_+^2 M^2 C_4^2 \times \frac{1}{2\epsilon} + \frac{\epsilon}{2}\left(\int_0^T \|\lambda_{i,n}\|^2_{L^2(\Omega)}\|\nabla\lambda_{i,n}\|^2_{L^2(\Omega)}\mathrm{d}t\right)^{1/2}$$

$$\leqslant \frac{\alpha^2 K_+^2 C_4^2 M^2}{2\epsilon} + \frac{\epsilon}{4}\max_{t\in(0,T)}\|\lambda_{i,n}\|^2_{L^2(\Omega)} + \frac{\epsilon}{4}\|\nabla\lambda_{i,n}\|^2_{L^2(\Omega_T)}.$$

Finalement

$$|(5)| \leqslant \frac{1}{2\epsilon}\int_{\Omega_T}(h - h_{\mathrm{obs}})^2\mathrm{d}x + \frac{\epsilon}{2}\max_{t\in(0,T)}\|\lambda_{i,n}\|^2_{L^2(\Omega)},$$

En rassemblant ces inégalités, nous obtenons:

$$\frac{\phi}{2}\|\lambda_{i,n}\|^2_{L^2(\Omega)} + (\delta\phi - \epsilon)\|\nabla\lambda_{i,n}\|^2_{L^2(\Omega_T)} \leqslant \max_{t\in(0,T)}\|\lambda_{i,n}\|^2_{L^2(\Omega)} + C,$$

où C est une constante ne dépendant que des données et de M.

Choisissons $\epsilon>0$ tel que $\delta\phi-\epsilon>0$ et $\frac{\phi}{2}-\epsilon>0$, nous venons d'établir qu'il existe deux réels $A_M(h,h_{\text{obs}},\phi_f,K,\alpha,C_4,\delta,\phi,h_2,T)$ et $B_M(h,h_{\text{obs}},\phi_f,K,\alpha,C_4,\delta,\phi,h_2,T)$ dépendant seulement des données du problème tels que

$$\|\lambda_{i,n}\|^2_{L^\infty(0,T,H)}\leqslant A_M \text{ et } \|\lambda_{i,n}\|^2_{L^2(0,T;H_0^1(\Omega))}\leqslant B_M.$$

Donc la suite $(\lambda_{i,n})_n$ est uniformément bornée dans $L^\infty(0,T;H)\cap L^2(0,T;H_0^1(\Omega))$.

On pose alors $C_M=\max(A_M,B_M)$.

Nous allons établir que $(\partial_t\lambda_{i,n})_n$ est bornée dans $L^2(0,T;V')\cap L^1(0,T;H)$.

$$\begin{aligned}
&\|\partial_t\lambda_{i,n}\|_{L^2(0,T;V')\cap L^1(0,T;H)}= \\
&\sup_{\|w\|_{L^2(0,T,V)\cap L^\infty(0,T;H)}\leqslant 1}\Bigg|\underbrace{\int_{\Omega T}(\delta\phi+\alpha KT_s(h))\nabla\lambda_{i,n}\cdot\nabla w\mathrm{d}x\mathrm{d}t}_{(1)} \\
&\underbrace{+\alpha\int_{\Omega_T}K(x)T_s(h)L_M(\|\nabla\bar{\lambda}_f^n\|)^2_{L^2(\Omega_T)}\nabla\bar{\lambda}_f^n\cdot\nabla w}_{(2)} \\
&\underbrace{-\int_{\Omega_T}K(x)(\nabla\phi_f-\alpha\nabla h)\cdot\nabla\bar{\lambda}_i^n L_M(\|\nabla\bar{\lambda}_i^n\|)^2_{L^2(\Omega_T)}w\mathrm{d}x\mathrm{d}t}_{(3)} \\
&\underbrace{-\alpha\int_{\Omega_T}K(x)L_M(\|\nabla\bar{\lambda}_f^n\|)^2_{L^2(\Omega_T)}\nabla\bar{\lambda}_f^n\cdot\nabla hw\mathrm{d}x\mathrm{d}t}_{(4)} \\
&\underbrace{+\int_{\Omega_T}(h-h_{\text{obs}})w\mathrm{d}x\mathrm{d}t}_{(5)}\Bigg|
\end{aligned}$$

Le principe des calculs étant le même que dans les inégalités précédentes, nous n'indiquerons que les estimations clefs.

$|(1)|\leqslant(\delta\phi+\alpha K_+h_2)C_M\|w\|_{L^2(0,T;V)}$,

$|(2)|\leqslant\alpha K_+h_2M\|w\|_{L^2(0,T;V)}$,

$|(3)|\leqslant(1+\alpha)K_+MC_4C_G\|w\|^{1/4}_{L^\infty(0,T;H)}\|w\|^{1/2}_{L^2(0,T;V)}$,

$|(4)|\leqslant\alpha K_+MC_4C_G\|w\|^{1/4}_{L^\infty(0,T;H)}\|w\|^{1/2}_{L^2(0,T;V)}$,

$|(5)|\leqslant\|h_{\text{obs}}-h\|_{L^2(\Omega_T)}\|w\|_{L^2(0,T;V)}$.

En rassemblant les précédentes estimations, nous concluons que

$$\| \partial_t \lambda_{i,n} \|_{L^2(0,T;V) \cap L^1(0,T;H)} \leqslant D_M,$$

où D_M ne dépend que des données.

Ainsi $(\lambda_{i,n})_n$ est uniformément bornée dans l'espace

$$L^2(0,T;H^1(\Omega)) \cap H^1(0,T;V').$$

En utilisant le lemme d'Aubin, nous extrayons une suite, non renommée pour simplifier, convergeant fortement dans $L^2(\Omega_T)$ et faiblement dans $L^2(0,T;H_0^1(\Omega)) \cap H^1(0,T;V')$ vers une limite noté λ_l.

Continuité de $\mathcal{F}_2$:

De la même façon, nous montrons la continuité de $\mathcal{F}_2$ en posant $\lambda_{f,n} = \mathcal{F}_2(\bar{\lambda}_i^n, \bar{\lambda}_f^n)$ et $\lambda_f = \mathcal{F}_2(\bar{\lambda}_i, \bar{\lambda}_f)$ et en montrant que $\lambda_{f,n} \to \lambda_f$ faiblement dans $L^2(0,T;H_0^1(\Omega))$.

Prenons $w = \lambda_{f,n}$ dans l'équation (5.16) écrite avec $\lambda_{f,n}, \lambda_{i,n}$.

Après quelques transformations, nous obtenons pour $\epsilon > 0$:

$$(h_2 - h_1) | \nabla \lambda_{f,n} |^2 \leqslant \epsilon \int_{\Omega_T} | \nabla \lambda_{f,n} |^2 + K_+^2 h_2^2 \int_{\Omega_T} | \nabla \lambda_{i,n} |^2 + C_p^2 \int_{\Omega_T} (\phi_f - \phi_{f,\text{obs}})^2,$$

C_p désignant la constante intervenant dans l'inégalité de Poincaré.

Choissant ϵ tel que $K_-(h_2 - h_1) - \epsilon \geqslant 0$, on obtient

$$\int_{\Omega_T} | \nabla \lambda_{f,n} |^2 \leqslant \underbrace{\frac{1}{K_-(h_2 - h_1) - \epsilon} (K_+^2 h_2^2 B_M + C_p^2 \| \phi_f - \phi_{f,\text{obs}} \|_{L^2(\Omega_T)}^2)}_{:= E_M}.$$

Il est en fait possible de montrer que $(\lambda_{i,n})_n$ converge fortement dans $L^2(0,T;H_0^1(\Omega))$. Ainsi $\mathcal{F}$ est continue de $L^2(0,T;H_0^1(\Omega))^2$ dans lui-même.

Posons $S = \max(C_M; D_M, E_M)$ et W l'ensemble convexe fermé borné non vide de $L^2(0,T;H_0^1(\Omega))$ défini par:

$$W = \{ (g, g_1) \in \underbrace{W(0,T) \times L^2(0,T;H_0^1(\Omega))}_{:= W_1(0,T)}; \lambda_i(0) = 0, \| (g, g_1) \|_{W_1(0,T)} \leqslant A \}$$

On vient de montrer que $\mathcal{F}(w) \subset W$, le théorème de Schauder permet de conclure qu'il existe un couple $(\lambda_i, \lambda_f) \in W$ tel que $\mathcal{F}(\lambda_i, \lambda_f) = (\lambda_i, \lambda_f)$.

Ce point fixe est une solution faible du problème (5.15)-(5.16).

Nous pouvons passer à la dernière étape qui consiste en l'élimination de la fonction de troncature L_M.

Elimination de la fonction auxiliaire L_M:

Nous allons à présent montrer qu'il existe une constante $B > 0$, ne dépendant pas de M, telle que, toute solution (λ_i,λ_f) du problème (5.15)-(5.16) satisfait:

$$\|\nabla\lambda_i\|_{L^2(\Omega_T)}\leqslant B \text{ et } \|\nabla f\|_{L^2(\Omega_T)}\leqslant B.$$

À nouveau, nous prenons λ_i(resp, λ_f) dans (5.15)(resp. (5.16)) et nous ajoutons les deux équations ainsi obtenues, ce qui conduit à:

$$\frac{\phi}{2}\int_\Omega\lambda_i^2+\delta\phi\int_{\Omega_T}|\nabla\lambda_i|^2+\int_{\Omega_T}\alpha K(x)T_s(h)|\nabla\lambda_i|^2+\alpha\int_{\Omega_T}K(x)(h_2-h_1)|\nabla\lambda_f|^2$$

$$-2\alpha\int_{\Omega_T}K(x)T_s(h)\nabla\lambda_i\cdot\nabla\lambda_f=\alpha\int_{\Omega_T}K(x)T_s(h)(L_M)\|\nabla\lambda_f\|_{L^2(\Omega)^2)}-1)\nabla\lambda_f\cdot\nabla\lambda_i$$

$$\underbrace{-\int_{\Omega_T}K(x)L_M(\|\nabla\lambda_i\|_{L^2(\Omega_T)^2})(\nabla\phi_f-\alpha\nabla h)\cdot\lambda_i\lambda_i}_{(2)}$$

$$\underbrace{-\alpha\int_{\Omega_T}K(x)L_M(\|\nabla\lambda_f\|_{L^2(\Omega_T)^2})\nabla h\cdot\nabla\lambda_f\lambda_i}_{(3)}$$

$$\underbrace{+\int_{\Omega_T}(h-h_{\text{obs}})\lambda_i+\int_{\Omega_T}(\phi_f-\phi_{f,\text{obs}})\lambda_f}_{(4)}$$

$\Leftrightarrow$(compte tenu du fait que $h_1+\delta_1\leqslant h\leqslant h_2-h_1$)

$$\frac{\phi}{2}\int_\Omega\lambda_i^2+\delta\phi\int_{\Omega_T}|\nabla\lambda_i|^2+\alpha\delta_1\int_{\Omega_T}K(x)|\nabla\lambda_f|^2+\alpha\int_{\Omega_T}K(x)T_s(h)|\nabla(\lambda_i-\lambda_f)|^2$$

$$+\alpha\int_{\Omega_T}K(x)T_s(h)(1-L_M(\|\nabla\lambda_f\|_{L^2(\Omega_T)^2}))|\nabla\lambda_f|^2$$

$$\leqslant\underbrace{\alpha\int_{\Omega_T}K(x)T_s(h)(L_M(\|\nabla\lambda_f\|_{L^2(\Omega_T)^2})-1)\nabla\lambda_f\cdot\nabla(\lambda_i-\lambda_f)}_{(1)}$$

$$+(2)+(3)+(4)$$

Mais,

$$|(1)|\leqslant\frac{\alpha}{2}\int_{\Omega_T}K(x)T_s(h)(1-L_M(\|\nabla\lambda_f\|_{L^2(\Omega_T)^2}))|\nabla\lambda_f|^2+$$

$$\frac{\alpha}{2}\int_{\Omega_T}K(x)T_s(h)|\nabla(\lambda_i-\lambda_f)|^2,$$

$$|(2)|\leqslant K_+C(4,\Omega)C_4(1+\alpha)\Big(\max_{t\in(0,T)}\int_\Omega\lambda_i^2\Big)^{1/4}\Big(\int_{\Omega_T}|\nabla\lambda_i|^2\Big)^{3/4}$$

$$\leqslant\frac{K_+C(4,\Omega)C_4(1+\alpha)}{8\epsilon^3}\Big(\max_{t\in(0,T)}\int_\Omega\lambda_i^2\Big)+2K_+C(4,\Omega)C_4(1+\alpha)\epsilon\int_{\Omega_T}|\nabla\lambda_i|^2,$$

$$|(3)| \leqslant K_+ C(4,\Omega) C_4 \alpha \left(\max_{t\in(0,T)} \int_\Omega \lambda_i^2 \right)^{1/4} \left(\int_{\Omega_T} |\nabla \lambda_i|^2 \right)^{1/4} \left(\int_{\Omega_T} |\nabla \lambda_f|^2 \right)^{1/2}$$

$$\leqslant \alpha K_+ C(4,\Omega) C_4 \left(\frac{1}{2\epsilon} \left(\max_{t\in(0,T)} \int_\Omega \lambda_i^2 \right)^{1/2} \left(\int_{\Omega_T} |\nabla \lambda_i|^2 \right)^{1/2} + \frac{\epsilon}{2} \int_{\Omega_T} |\nabla \lambda_f|^2 \right)$$

$$\leqslant \alpha K_+ C(4,\Omega) C_4 \left(\frac{\epsilon}{2} \int_{\Omega_T} |\nabla \lambda_i|^2 + \frac{\epsilon}{2} \int_{\Omega_T} |\nabla \lambda_f|^2 + \frac{1}{8\epsilon^3} \left(\max_{t\in(0,T)} \int_\Omega \lambda_i^2 \right) \right) ,$$

enfin

$$|(4)| \leqslant \left(\frac{\epsilon}{2} \int_{\Omega_T} |\nabla \lambda_i|^2 + \frac{\epsilon}{2} \int_{\Omega_T} |\nabla \lambda_f|^2 + \frac{C_p^2}{2\epsilon} \int_{\Omega_T} (h - h_{\text{obs}})^2 + \frac{C_p^2}{2\epsilon} \int_{\Omega_T} (\phi_f - \phi_{f,\text{obs}})^2 \right).$$

Supposons $\epsilon>0$ soit choisi tel que

$$\Theta_1 = \left(\delta\phi - \epsilon \left(K_+ C(4,\Omega) C_4 \left(2 + \frac{5}{2}\alpha \right) + \frac{1}{2} \right) \right) > 0, \tag{5.17}$$

$$\Theta_2 = \left(\alpha \delta_1 K_- - \frac{\epsilon}{2} (\alpha K_+ C(4,\Omega) C_4 + 1) \right) > 0, \tag{5.18}$$

alors si on a:

$$\left(\frac{\phi}{2} - \frac{1}{8\epsilon^3} K_+ C(4,\Omega) C_4 (1 + 2\alpha) \right) > 0, \tag{5.19}$$

nous pouvons déduire que, $\exists \hat{B}>0$, ne dépendant que de $h, h_{\text{obs}}, \phi_f, \phi_{\text{obs}}$ et de

$C_p \left(\hat{B} = \frac{C_p^2}{2\epsilon} \int_{\Omega_T} (h - h_{\text{obs}})^2 + \frac{C_p^2}{2\epsilon} \int_{\Omega_T} (\phi_f - \phi_{f,\text{obs}})^2 \right)$ tel que:

$$\Theta_1 \int_{\Omega_T} |\nabla \lambda_i|^2 \leqslant \hat{B} \text{ et } \Theta_2 \int_{\Omega_T} |\nabla \lambda_f|^2 \leqslant \hat{B}.$$

Si nous posons $B = \max \left(\frac{\hat{B}}{\Theta_1}, \frac{\hat{B}}{\Theta_2} \right)$, nous terminons la démonstration de cette étape.

Unicité de la solution du problème adjoint:

Soient $(\lambda_i, \lambda_f) \in W(0,T) \times H_0^1(\Omega)$ et $(\bar{\lambda}_i, \bar{\lambda}_f) \in W(0,T) \times H_0^1(\Omega)$ deux solutions de (5.12). Posons $u = \lambda_i - \bar{\lambda}_i$ et $v = \lambda_f - \bar{\lambda}_f$. Clairement, puisque le système est linéaire, (u,v) satisfont (5.12) mais les seconds nombres sont nuls.

Nous pouvons reprendre point par point la démonstration précédente qui nous conduit à (compte tenu du fait que $\hat{B}=0$

$$\Theta_1 \int_{\Omega_T} |\nabla u|^2 \leqslant 0 \text{ et } \Theta_2 \int_{\Omega_T} |\nabla v|^2 \leqslant 0.$$

Puisque $(u,v) \in H_0^1(\Omega)^2$, cela implique $u=0$ p. p. dans Ω_T et $v=0$ p. p. dans Ω_T.

Remarque: La condition (5.19) peut paraitre restrictive par rapport aux paramètres physiques, mais ainsi que nous l'avons remarqué au chapitre 4, un changement d'échelle pour le temps permet de justifier la condition (5.19).

Proposition 5: Soit K^* une solution de problème $(\mathcal{O})$, alors il existe un couple $(h^*-h_D, \phi_f^*-\phi_{f,D}) \in W(0,T)\times L^2(0,T,H_0^1(\Omega))$ et un couple $\lambda_* = (\lambda_i^*, \lambda_f^*) \in W(0,T)\times L^2(0,T,H_0^1(\Omega))$ satisfaisant, pour tout $K \in U_{\text{adm}}$ et $\varphi = (\varphi_i, \varphi_f) \in W(0,T)\times L^2(0,T,H_0^1(\Omega))$, le système d'optimalité suivant:

(problème direct)

$$\begin{cases} \phi \dfrac{\partial h}{\partial t} - \text{div}(\alpha K T_s(h)\nabla h) + \text{div}(K T_s(h)\nabla \phi_f) = -Q_s \\ -\text{div}(K(h_2-h_1)\nabla \phi_f) + \text{div}(\alpha K T_s(h)\nabla h) = Q_f + Q_s \end{cases}$$

$h=h_D$, $\phi_f=\phi_{f,D}$, sur Γ_D

(problème adjoint)

$$\begin{cases} -\phi \dfrac{\partial \lambda_i}{\partial t} - \text{div}((\delta\phi + \alpha K T_s(h))\nabla \lambda_i) - \alpha K(x)\nabla h \cdot \nabla \lambda_i + K(x)\nabla \phi_f \cdot \nabla \lambda_i, \\ +\text{div}(\alpha K(x) T_s(h)\nabla \lambda_f) + \alpha K(x)\nabla h \cdot \nabla \lambda_f = h_{\text{obs}} - h, \\ -\text{div}(K(x)(h_2-h_1)\nabla \phi_f) + \text{div}(K(x) T_s(h)\nabla \lambda_i) = \phi_{f,\text{obs}} - \phi_f \end{cases}$$

et

$$D_K \mathcal{J}(K) \cdot (K(x) - K^*(x)) \geqslant 0.$$

où le gradient de la fonction coût est donné par:

$$\begin{aligned} D_K \mathcal{J}(K) \cdot (\delta_K) &= \int_{t_0}^{t_f}\int_\Omega \alpha \delta_K T_s(h)\ \nabla h \cdot \nabla \lambda_i \mathrm{d}x\mathrm{d}t \\ &- \int_{t_0}^{t_f}\int_\Omega \delta_K T_s(h)\ \nabla \phi_f \cdot \nabla \lambda_i \mathrm{d}x\mathrm{d}t + \int_{t_0}^{t_f}\int_\Omega \delta_K (h_2 - h_1)\ \nabla \phi_f \cdot \nabla \lambda_f \mathrm{d}x\mathrm{d}t \\ &- \int_{t_0}^{t_f}\int_\Omega \alpha \delta_K T_s(h)\ \nabla h \cdot \nabla \lambda_f \mathrm{d}x\mathrm{d}t, \text{avec } \delta_K \in U_{\text{adm}}, \end{aligned} \tag{5.20}$$

Preuve:

L'application $K \to (h(K), \phi_f(K))$ définie implicitement par le problème direct (5.7)-(5.9) est différentiable (cela résulte du corollaire du théorème des fonctions implicites ainsi que de la régularité de la solution du problème direct (h, ϕ_f)).

Donc l'application $K \to \mathcal{J}(K)$ est différentiable et

$$D_K \mathcal{J}(K) = \partial_K \mathcal{L}(K, h, \phi_f, \lambda_i, \lambda_f) \text{, cést-à-dire } \forall \delta_K \in U_{\text{adm}}$$

avec

$$D_K \mathcal{J} \cdot \delta_K = \int_{t_0}^{t_f} \int_\Omega \delta_K \times (\alpha T_s(h) \nabla h \cdot \nabla \lambda_i - T_s(h) \nabla \phi_f \cdot \nabla \lambda_i$$
$$+ (h_2 - h_1) \nabla \phi_f \cdot \nabla \lambda_f - \alpha T_s(h) \nabla h \nabla \lambda_f) \mathrm{d}x \mathrm{d}t.$$

En particulier si K^* réalise le minimum de $\mathcal{J}$, en notant

$h^* = h(K^*), \phi_f^* = \phi_f(K^*), \lambda_i^* = \lambda_i(K^*, h^*, \phi_f^*)$ et $\lambda_f^* = \lambda_f(K^*, h^*, \phi_f^*)$,

on obtient

$$\partial_K \mathcal{L}(K^*, h^*, \phi_f^*, \lambda_i^*, \lambda_f^*)(K - K^*) \geqslant 0, \forall K \in U_{\text{adm}},$$

Ce qui achève la preuve.

5.5 Identification de la conductivité et de la porosité

Le problème est alors le problème $(\mathcal{O}_c)$

$$(\mathcal{O}_c) \begin{cases} \text{Trouver}(K^*, \phi^*) \in U_{\text{adm}} \text{ tel que} \\ \mathcal{J}(K^*, \phi^*) = \inf_{(K,\phi) \in U_{\text{adm}}} \mathcal{J}(K, \phi) \end{cases} \tag{5.21}$$

où

$$\mathcal{J}(K, \phi) = \frac{1}{2} \| \phi_f(K, \phi) - \phi_{f,\text{obs}} \|^2_{L^2(\Omega_r)} + \frac{1}{2} \| h(K, \phi) - h_{\text{obs}} \|^2_{L^2(\Omega_r)}$$

Vous pouvons établir de la même façon que dans le théorème 3, l'existence d'un contrôle optimal pour le problème $(\mathcal{O}_c)$.

Le problème d'identification se ramène à chercher le minimum de la fonction coût $\mathcal{J}$, le système d'état étant le problème instationnaire (4.1)-(4.5). On considére ce système comme une contrainte pour le problème d'optimisation et on introduit le Lagrangien $\mathcal{L}$ défini comme suit:

$$\mathcal{L}(\phi_f, h, \lambda_i, K, \phi) = \mathcal{J}(K, \phi) + \int_{t_0}^{t_f} \int_\Omega \phi \frac{\partial h}{\partial t} \lambda_i \mathrm{d}x \mathrm{d}t$$
$$+ \int_{t_0}^{t_f} \int_\Omega (\delta_\phi + \alpha K(x) T_s(h)) \nabla h \cdot \nabla \lambda_i \mathrm{d}x \mathrm{d}t - \int_{t_0}^{t_f} \int_\Omega K T_s(h) \nabla \phi_f \cdot \nabla \lambda_i \mathrm{d}x \mathrm{d}t$$

$$+\int_{t_0}^{t_f}\int_\Omega K(x)(h_2-h_1)\,\nabla\phi_f\cdot\nabla\lambda_f\,dxdt-\int_{t_0}^{t_f}\int_\Omega \alpha K(x)T_s(h)\,\nabla h\cdot\nabla\lambda_f\,dxdt$$

$$+\int_{t_0}^{t_f}\int_\Omega Q_s\lambda_i\,dxdt-\int_{t_0}^{t_f}\int_\Omega (Q_s+Q_f)\lambda_f\,dxdt. \tag{5.22}$$

Nous soulignons que nous avons substitué dans le système, le coefficient δ_ϕ au coefficient original δ_ϕ, car δ est un paramètre arbitraire que nous avons introduit pour représenter l'épaisseur de la zone diffuse et auquel nous venons d'incorporer la porosité. Cela nous permet de focaliser l'impact de la porosité essentiellement sur les variations en temps de la hauteur du front salé.

La solution correspond alors à un point selle de ce Lagrangien considéré comme une fonction des variables indépendantes $h,\phi_f,\lambda_i,\lambda_f$ et K avec λ_i et λ_f les multiplicateurs de Lagrange. Le minimum recherché, (K^*,ϕ^*), vérifie le système d'optimalité suivant:

$$\begin{cases}
\dfrac{\partial\mathcal{L}}{\partial\lambda_i}(\phi_f^*,h^*,\lambda_f^*,\lambda_i^*,K^*,\phi^*)=0, & \dfrac{\partial\mathcal{L}}{\partial\lambda_f}(\phi_f^*,h^*,\lambda_f^*,\lambda_i^*,K^*,\phi^*)=0\\
\dfrac{\partial\mathcal{L}}{\partial h}(\phi_f^*,h^*,\lambda_f^*,\lambda_i^*,K^*,\phi^*)=0, & \dfrac{\partial\mathcal{L}}{\partial\phi_f}(\phi_f^*,h^*,\lambda_f^*,\lambda_i^*,K^*,\phi^*)=0\\
\dfrac{\partial\mathcal{L}}{\partial K}(\phi_f^*,h^*,\lambda_f^*,\lambda_i^*,K^*,\phi^*)\cdot(K-K^*)\geqslant 0, & \forall K\in U_{\text{adm}},\\
\partial_\phi\mathcal{L}(\phi_f^*,h^*,\lambda_i^*,\lambda_f^*,K^*,\phi^*)\cdot(\phi-\phi^*)\geqslant 0, & \forall\phi\in U_{\text{adm}}.
\end{cases} \tag{5.23}$$

Le système d'état est le système (5.7)-(5.9) et le système adjoint est le système (5.10)-(5.11)

Nous pouvons alors énoncer l'analogue de la proposition 5:

Proposition 6: Soit (K^*,ϕ^*) une solution de problème $(\mathcal{O}_c)$, alors il existe un couple $(h^*-h_D,\phi_f^*-\phi_{f,D})\in W(0,T)\times L^2(0,T,H_0^1(\Omega))$ et un couple $\lambda^*=(\lambda_i^*,\lambda_f^*)\in W(0,T)\times L^2(0,T,H_0^1(\Omega))$ satisfaisant, pour tout $(K,\phi)\in U_{\text{adm}}$ et $\varphi=(\varphi_i,\varphi_f)\in W(0,T)\times L^2(0,T,H_0^1(\Omega))$, le système d'optimalité suivant:

(problème direct)

$$\begin{cases}
\phi\dfrac{\partial h}{\partial t}-\operatorname{div}(\alpha KT_s(h)\nabla h)+\operatorname{div}(KT_s(h)\nabla\phi_f)=-Q_s\\
-\operatorname{div}(K(h_2-h_1)\nabla\phi_f)+\operatorname{div}(\alpha KT_s(h)\nabla h)=Q_f+Q_s
\end{cases}$$

$$h=h_D, \phi_f=\phi_{f,D}, \text{sur } \Gamma_D$$

(problème adjoint)

$$\begin{cases} -\phi \dfrac{\partial \lambda_i}{\partial t} - \operatorname{div}((\delta\phi+\alpha K T_s(h))\nabla\lambda_i) - \alpha K(x)\nabla h \cdot \nabla\lambda_i + K(x)\nabla\phi_f \cdot \nabla\lambda_i, \\ +\operatorname{div}(\alpha K(x) T_s(h)\nabla\lambda_f) + \alpha K(x)\nabla h \cdot \nabla\lambda_f = h_{\text{obs}} - h, \\ -\operatorname{div}(K(x)(h_2-h_1)\nabla\phi_f) + \operatorname{div}(K(x)T_s(h)\nabla\lambda_i) = \phi_{f,\text{obs}} - \phi_f \end{cases}$$

et

$$D_K\mathcal{J}(K,\phi) \cdot (K(x)-K^*(x)) \geqslant 0 \text{ et } D_\phi\mathcal{J}(K,\phi) \cdot (\phi(x)-\phi^*(x)) \geqslant 0,$$

où les gradients de la fonction coût sont donnés par:

$$D_K\, \mathcal{J}(K) \cdot (\delta_K) = \int_{t_0}^{t_f}\int_\Omega \alpha\delta_K T_s(h)\ \nabla h \cdot \nabla\lambda_i \mathrm{d}x\mathrm{d}t$$
$$- \int_{t_0}^{t_f}\int_\Omega \delta_K T_s(h)\ \nabla\phi_f \cdot \nabla\lambda_i \mathrm{d}x\mathrm{d}t + \int_{t_0}^{t_f}\int_\Omega \delta_K(h_2 - h_1)\ \nabla\phi_f \cdot \nabla\lambda_f\, \mathrm{d}x\mathrm{d}t$$
$$- \int_{t_0}^{t_f}\int_\Omega \alpha\delta_K T_s(h)\ \nabla h \cdot \nabla\lambda_f\, \mathrm{d}x\mathrm{d}t, \text{avec } \delta_K \in U_{\text{adm}}, \tag{5.24}$$

et

$$D_\phi\, \mathcal{J}(K,\phi) \cdot (\delta_\phi) = \int_{t_0}^{t_f}\int_\Omega (\delta\phi)\ \frac{\partial h}{\partial t}\lambda_i \mathrm{d}x\mathrm{d}t, \text{avec } \delta_\phi \in U_{\text{adm}} \tag{5.25}$$

Nous renvoyons le lecteur aux travaux par M. H. Tber, M. E. talibi et D. Ouaraza, pour l'étude numérique de ce problème.

6 Conclusions et Perspectives

Dans ce travail, nous avons proposé une étude mathématique comparative des deux approches interface nette et interface diffuse pour traiter le problème d'intrusion marine dans les aquifères côtiers confinés et libres. Plus précisèment, nous avons établi dans le cas confiné avec interface diffuse, un résultat d'existence globale en temps de la solution montrant que, malgré l'ajout du terme diffusif, nous sommes toujours obligés de supposer une épaisseur d'eau douce strictement positive dans l'aquifère, pour obtenir une estimation uniforme de la norme L^2 du gradient de la charge hydraulique d'eau douce, estimation essentielle pour appliquer les théorèmes de compacité. Dans le cas d'une nappe libre, nous avons étudié le système issu du modèle avec interface abrupte pour lequel nous avons donné un résultat d'existence globale en temps plus délicat par C. Choquet, M. M. Diédhiou et C. Rosier en 2015, à cause de la dégénérescence des équations. Par ailleurs, nous avons aussi montré que l'ajout des interfaces diffuses permet de prouver un principe du maximum plus fin que dans le cas des interfaces abruptes.

Puis nous avons établi un résultat d'unicité qui est un résultat difficile à établir compte tenu de la conjonction des trois difficultés: la non-linéarité, la dégénérescence et le fort couplage des équations, il existe d'ailleurs peu de résultats sur l'unicité des solutions pour de tels systèmes. Nous avons traité le cas de l'approche avec interface diffuse, ce qui permet d'éliminer la difficulté liée à la dégénérescence des équations. Ce résultat repose sur des estimations uniformes des normes $L^r(\Omega_T)$, $r>2$ des gradients des charges hydrauliques. Cette régularité supplémentaire combinée aux inégalités de Gagliardo-Nirenberg permet de traiter la non-linéarité dans la preuve de l'unicité pour le cas confiné.

Enfin nous avons résolu un problème d'identification de paramètres par la méthode de l'état adjoint. Nous nous sommes intéressés à l'identification de la conductivité hydraulique K et de la porosité ϕ. Il s'agit d'estimer ces paramètres en fonction d'observations ou de mesures sur le terrain faites sur les charges hydrauliques et sur la profondeur de l'interface eau douce/eau salée. Le problème inverse se traduit alors par un problème d'optimisation, la fonction coût calculant l'écart quadratique entre la profondeur de l'interface (et la charge hydraulique d'eau douce) mesurées et celles données par le modèle. Le problème d'identification se ramène alors à chercher le minimum de la fonction coût associée à la solution du problème instationnaire.

Puisque le résultat de régularité $L^r(\Omega_T)$, $r>2$ et d'unicité ont été obtenus dans le cas d'un aquifère libre par C. Choquet et C. Rosier, il serait très intéressant d'étendre l'étude faite sur l'identification de paramètres au cas d'une nappe côtière libre.

Par ailleurs, il faudrait aussi pouvoir coupler au précédent système les effets dûs aux conditions climatiques et aux interventions humaines, en outre, prendre en compte les effets de la contamination de la nappe phréatique par des engraischimiques et des pesticides.

Références

AMZIANE B, BOURGEAT A, AMRI H, 1990. Un résultat d'existence pour un modèle d'écoulement diphasique dans un milieu poreux à plusieurs types de roches [R]. Publication du Laboratoire d'Analyse Numérique, No. 90-17, Université de Pau.

BAIOCCHI C, 1971. Sur un prolème à frontière libre tradusiant le filtrage de liquids à travers des milieux poreux[J]. Comptes Rendus de l'Académie des Sciences-Series I-Mathematics, 273: 1215-1217.

BERESTYCKI C H, BONNET A, VAN DUIJN C J, 1993. Flots stationnaires d'eau sale et d'eau douce en milieux poreux dans des couches aquifers[J]. Comptes Rendus de l'Académie des Sciences-Series I-Mathematics, 317: 255-260.

BONNET M, SAUTY J P, 1975. Un modèle simplifié pour la simulation des nappes avec intrusion saline[M]. Bratislava: A.I.H.S. Symposium Application of Mathematical Models in Hydrology and Water Resources System, AIHS Publication No. 115.

BOUZOUF B, 2001. Modélisation du biseau salé par un shéma volumes finis et la méthode level set, Thèse de doctorat es-science appliquées[R]. Ecole Mohammedia d'ingénieurs, Univérsité Mohamed V, Rabat.

BREZIS H, KINDERLEHRER D, STAMPACCHIA G, 1984. Sur une nouvelle formulation du problème de l'écoulement à travers une digue[J]. Comptes Rendus de l'Académie des Sciences-Series I-Mathematics, 278: 711-714.

BREZIS H, 1973. Opérateurs maximaux monotones et semi-groupes de contractions dans les espaces de Hilbert, North-Holland, Mathematics studies.

BREZIS H,1983. Analyse functionnelle : théorie et application[M]. Paris : Masson.

CASTNY G, 1990. Principes et méthodes de l'hydrogéologie[M]. Paris: Dunod.

CHAVENT G, 1971. Analyse fonctionnelle et identifiabilité de coefficients tépartis dans les équations aux dérivées partielles[R]. Thèse d'Etat, Faculté des Sciences de Paris.

GAGNEUX G, MADAUNE-TORT M, 1996. Analyse mathématique de modèles nonlinéaires de l'ingénierie pétrolière: Le Cas du Modèle Black-Oil Pseudo-COmpositionnel Standard Isotherme [C]. Mathématiques et Applications, Paris: Springer.

GAGNEUX G, MASSON R, PLOUVIER-DEBIGT A, et al. , 2003. étude mathématique de la compaction verticale dans un bassin sédimentaire faille[J]. ESAIM: M2AN-Mathematical Medilling and Numerical Analysis, 37(2): 373-388.

GAJEWSKI H, GROGER K, ZACHARIAS, 1974. Nichtlinear Operatorgleichungen and Operator-differentialgleichungen[J]. Mathematische Nachrichten, 67(22): iv-iv.

HECHT F, SALTEL E, 1990. Emc un logiciel d'edition de maillages et de contours bidimensionnels[R]. RT-0118, 1990, 66. <inria-00070048>.

HIDANI A, 1993. Modélisation des écoulements diphasiques en milieux poreux à plusieurs types de roches[D]. Thèse de Doctorat, Université de Saint-Atienne.

LIONS J L, MAGENES E, 1963. Problèmes aux limites non homogènes (VI)[J]. Journal d'Analyse Mathématique volume, 11: 165-188.

SHIMBORSKi E, 1975. Encadrement d'une frontière libre relative à un problème d'hydraulique. Boll[J]. Unione Mat. Ital., 12: 66-67.

TBER M H, 2006. Analyse Mathématique et Simulation Numérique de Problèmes Directs et Inverses Issus d'un Modèle d'Intrusion Marine dans les Aquifères Côtiers [D]. Doctorat thesis, Université Cadi Ayyad , Faculté des Sciences Semlalia Marrakech, April 21.

ACAR R, VOGEL C R, 1994. Analysis of bounded variation penalty methods for ill-posed problems[J]. Inverse problem, 101: 1217-1229.

ACKERER P, YOUNES A, 2008. Efficient approximations for the the simulation of density driven flow in porous media[J]. Advances in water resources, 31: 15-27.

ALDUCIN G, ESQUIVEL-AVILA J, REYES-AVILA L, 1998. Steady filtration problems with seawater intrusion: Variational analysis[J]. Computer methods in applied mechanics and engineering, 151: 13-25.

ALFARO M, HILHORST D, HIROSHI M, 2005. Optimal interface width for the Allen-Cahn equation[J]. RIMS Kokyuroku, 1416: 148-160.

ALT H W, VAN DUIJN C J, 1990. A stationary flow of fresh and salt groundwater in coastal aquifer[J]. Nonlinear analysis theory methods and applications, 14 (8): 625-656.

Alt H W, VAN DUIJN C J, 2008. A free boundary problem involving a cusp Part I: Global analysis[M]. Cambridge: Cambridge University Press.

AMIRAT Y, HAMDACHE K, ZIANI A, 1996. Mathematical analysis for compressible miscible displacement models in porous media[J]. Mathematical models and methods in applied sciences, 6:729-747.

ANTONSEV S N, DOMMANSKY A V, 1984. Uniqueness generalizated solutions of degenerate problem in two-phase filtration. Numerical methods mechanics in continuum medium[J]. Collection sciences research, Sbornik, 15 (6): 15-28.

ANTONSEV S N, KAZHIKOV A V, MONAKHOV V N, 1990. Boundary value problems in mechanics of nonhomogenous fluids[R]. Amsterdam: Studies in mathematics and its applications, 22, North-Holland, Amsterdam.

ARBOGAST S N, 1992. The existence of weak solution to single porosity and simple dual-porosity models of two-phase incompressible flow[J]. Nonlinear analysis Theory Methods and Applications, 19 (11): 1009-1031.

BAIOCCHI C, COMINCIOLI V, MAGENES E, et al., 1973. Free boundary problems in the theory of fluid flow through porous media: Existence and uniqueness theorem [J]. Annali di Matematica Pura ed Applicata, 4: 1-82.

BEAR J , 1972. Dynamics of fluids in porous media[M]. New York: American Elsevier.

BEAR J, 1979. Hydraulics of groundwater[M]. New York: McGraws-Hill.

BEAR J, CHENG A H-D, SOREK S, et al., 1999. Seawater Intrusion in coastal aquifers - Concepts, methods and practices [M]. Netherlands: Kluwer Academic Publishers.

BEAR J, DAGAN G, 1967. Solving the problem of local interface upcoming in a coastal aquifer by the method of small perturbations[J]. Journal of hydraulic research, 6(1): 15-44.

BEAR J, KAPULAR J, 1981. A numerical solution for the movement of an interface in a layered coastal aquifer[J]. Journal of hydrology, 50: 273-298.

BEAR J, VERRUIJT A, 1987. Modelling groundwater flow and pollution [M]. Dordecht: D. Reidel Publishing Company.

BELLETTINI G, BERTINI L, MARIANI M, et al., 2012. Convergence of the one-dimensional Cahn- Hilliard equation[J]. SIAM journal on mathematical analysis, 44(5): 3458-3480.

BENAMEUR H, CHAVENT G, JAFFRÉ J, 2002. Refinement and coarsening indicators for adaptive parametrization: Application to the estimation of hydraulic transmissivities[J]. Inverse problems, 18: 775-794.

BENHACHMI M K, OUAZAR D, NAJI A, et al. , 2001. Chance constrained optimal management in saltwater - intruded coastal aquifers using Genetic Algorithms, First international conference on salt-water intrusion and coastal aquifers-monitoring, modeling and management, April 23-25[C]. Morocco: Essaouira.

BENSON S, MCINNES L C, MORÉ J, et al., 2003. TAO users manual, Techical Report ANL/MCS-TM-242-Revision 1.5[R]. Lemont: Mathematical and Computer Science Division, Argonne National Laboratory.

BENSON S, MORÉ J, 2001. A limited memory variable-metric algorithm for bound-constrained minimization, Tech. Report ANL/MSC - P909 - 0901 [R]. Lemont: Mathematical and Computer Science Division, Argonne National Laboratory.

BENSOUSSAN A, LION J L, PAPANICOULOU G, 1978. Asymptotic analysis for periodic structure[R]. Amsterdam :North-Holland.

BRAY A J , 1994. Theory of phase-ordering kinetics[J]. Advances in Physics, 43 (3): 357-459.

CARRERA J, 1998. State of the art of the inverse problem applied to the flow and solute transport problems, in groundwater flow quality modelling[J]. NATO ASI series book series, 549-589.

CARRILLO J, CHALLAL S, LYAGHFOUR A, 2002. A free boundary problem for a flow of fresh and salt groundwater with nonlinear Darcy's law [J]. Advances in mathematical sciences and applications, 12 (1): 191-215.

CASAS E, 1992. Optimal control in coefficents of elliptic equations with states constraints[J]. Applied mathematical and optimization, 26: 21-37.

CERMAK L, ZLAMAL M, 1980. Transformation of dependent variables and the finite element solution of nonlinear evolution equations[J]. International journal for numerical methods in engineering, 15 (1):31-40.

CHALLAL S, LYAGHFOURI A, 1997. A stationary flow of fresh and salt groundwater in a coastal aquifer with nonlinear Darcy's law[J]. Applicable analysis, 67: 295-312.

CHALLAL S, LYAGHFOURI A, 2000. A stationary flow of fresh and salt groundwater in a heterogeneous coastal aquifer[J]. Bollettino della Unione Matematic Italiana, 8 (3-B): 505-533.

CHAN HONG J R, HILHORST D, VAN KESTER J, et al., 1989. The interface between fresh and salt groundwater: A numerical study[J]. IMA journal of applied mathematics, 42: 209-240.

CHAN T F, TAI X C, 1997. Augmented Lagrangian and total variation methods for recovering discontinuous coefficients from elliptic equations, CAM Report 97-2 [R]. University of California.

CHAN T F, TAI X C, 1997. Identification of discontinuous coefficients from elliptic equations, CAM Report 97-35 [R]. University of California.

CHAN T F, TAI X C, 2003. Level set and total variation regularization for elliptic inverse problems with discontinuous coefficients[J]. Journal of computational physics, 193: 40-66.

CHARMONMAN S, 1965. A solution of the pattern of fresh-water flow in an unconfined coastal aquifer[J]. Journal of geophysical research, 70(12): 2813-2819.

CHAVENT G, JAFFRÉ J, 1986. Mathematical models and finite elements for reservoir simulation[R]. Studies in mathematics and its applications, 17.

CHAVENT G, KUNISH K, 1993. On weakly nonlinear inverse problem[J].SIAM journal on applied mathematics, 56(2): 535-564.

CHAVENT G, KUNISH K, 1996. Regularization in state space[J]. SIAM journal on applied mathematics, 56: 542-572.

CHEN X, 1996. Global asymptotic limit of solution of the Cahn-Hilliard equation[J]. Journal of differential geometry, 44: 262-311.

CHEN Z, EWING R, 1999. Mathematical analysis for reservoir models[J]. SIAM journal on applied mathematics, 30(2): 431-453.

CHENG A H-D, HALHAL D , D NAJI D, et al., 2000. Pumping optimization in saltwater - intruded coastal aquifers[J] Water resourse research, 36 (8): 2155-2165.

CHOQUET C, 2010. Parabolic and degenerate parabolic models for pressure-driven transport problems[J]. Mathematical models and methods in applied sciences, 20 (4) : 543-566.

CHOQUET C, DIÉDHIOU M M, ROSIER C, 2015. Derivation of a sharp-diffuse interface model in a free aquifer[J]. SIAM journal on applied mathematics, 76(1): 138-158.

CHOQUET C, DIÉDHIOU M M,. ROSIER C, 2015. Mathematical analysis of a sharp-diffuse interfaces model for seawater intrusion[J]. Journal of differential equations, 259(8): 3803-3824.

CHOQUET C, ROSIER C, 2015. Global existence for seawater intrusion models: Comparison between sharp interface and sharp-diffuse interface approaches[J]. Electronic journal of differential equations, (126):1-27.

CIARLET P G, 1978. The finite element method for elliptic problems[M]. Amsterdam: Society for Industrial and Applied Mathematics.

CUMMINGS R G, MCFARLAND J W, 1974. Groundwater management and salinity control[J].Water resourse research, 10(5):909-915.

DAS A, DATTA B, 1999. Development of multiobjective management models for coastal aquifers[J]. Journal of water resources planning and management, 125(2): 76-87.

EL HARROUNI K, OUAZAR D, CHENG A H-D, 1999. Salt/Fresh-water interface model and gas for parameter estimation[J]. Natuurwetenschappelijk Tijdschrift, 79 (1-4): 43-47.

EMCH P G, YEH W W G, 1998. Management model for conjunctive use if coastal surface water and groundwater[J]. Journal of water resource planning and mangement, 124: 129-139

ESSAID H I, 1990. A quasi-three dimensional finite difference model to somulate freshwater and saltwater flow in layered coastal aquifer systems, U.S. geological survey water-ressources Investigations, Report 90-4130[R]. Menlo Park, California.

ESSELAOUI D, LOUKIL Y, BOURGEAT A, 1998. Perfection of the simulation of freshwater/saltwater interface motion[DB]// CROLET J M, HATRI M E. Recent advances in problems of flow and transport in porous media[M]. Boston: Kluwer Academic Publishers, 117-129.

EVANS L C, GARIEPY R F, 1992. Measure theory and fine properties of functions [M]. Boca Raton:CRC Press.

FETTER C W, 1972. Position of saline water interface beeath oceanic islands[J]. Water resourse research, 8(5).

GEMITZI A, TOLIKAS D, 2004. Development of sharp interface model that simulates coastal aquifer flow with the coupled use if GIS[J]. Hydrogeology journal, 12: 345-356.

GERARD R R, 1981. Numerical identification of a spacially varying diffusion coefficient[J]. Mathematics of computation, 36: 375-386.

GINN T R, GUSHMAN J H. Inverse methods for subsurface flow: A critical review of stochastic techniques[J]. Stochastic Hydrol. Hydraul., Vol. 4, pp. 1-260.

GLOVER R E, 1959. The pattern of freshwater flow in a coastal aquifer[J]. Journal of ground water resource, 64: 439-475.

GRUNDY R E, VAN DUIJN C J, 1990. The fresh-salt water inteface in a semipervious aquifer[J]. Applicable analysis, 38: 69-96.

HALVACEK I, KIRZEK M, 1994. On Galerkin approximations of quasilinear nonpotential elliptic problem of nonmonotone type[J]. Journal of mathematical analysis and applications, 184: 169-189.

HERRLING B, HECKELE A, 1986. Coupling of finite element and optimization methods for the management of groundwater systems[J]. Advances in water resources, 9: 190-195.

HUYAKORN P S, ANDERSON P F, MERCER J W, et al. , 1987. Salt intrusion in aquifers : Development and testing of three dimensional finite element model[J]. Water resource research, 23: 293-319.

KEULEGAN H G, 1954. An example report on model laws for density current[R]. U. S. Natl. Bur. of Stand., Gaitherburg, Md.

KIMBLOWSKI M, 1985. Saltwater-freshwater transient upconing: An implicit boundary-element solution[J]. Journal of hydrology, 78: 35-47.

KINDERLEHRER D, STAMPACCHIA G, 1980. An introduction to variational inequalities and their applications[M]. New York: Academic Press.

KOHN R V, LOWE B D, 1988. A variational method for parameter identification[J]. RAIRO Modél. Math. Anal. Numér. 22(1): 119-158.

KRAVARIS C, SEINFELD J H, 1985. Identification of parameters in distributed systems by regularization[J]. SIAM journal on control and optimization, 23: 217-241.

KROENER D, LUCKHAUSS S, 1984. Flow of oil and water in porous medium[J]. Journal of differential equations, 55: 276-288.

KUIPER L, 1986. A comparison of several methods for inverse for the solution of the inverse problem in the two-dimensional steady state groundwater modeling[J]. Water resourse research, 22 (5): 705-714.

KUNISH K, 1988. Inherent identifiablity of parameters in elliptic differential equations[J]. Journal of mathematical analysis and applications, 132: 453-472.

KUNISH K, WHITE L W, 1987. Identifiability under approximation for an elliptic boundary value problem[J]. SIAM journal on control and optimization, 25: 279-297.

LADEZENSKAJA O A, URAL'CEVA N N, 1968. Linear and quasilinear equations of elliptique type[M]. New York: Academic Press.

LARSSON S, 1989. The long time behavior of finite element approximations of solutions to semolinear parabolic problems[J]. Siam journal on numerical analysis, 26:

348-365.

LARSSON S, THOMÉE V, ZHANG N, 1989. Interpolation of coefficients and transformation of the dependent variable in finite element methods for the nonlinear heat equation[J]. Mathmatical methods in the applied science, 11 (1): 105-124.

LI J, ROSIER C, 2017. Parameters identification in a saltwater intrusion problem, and preparation[J]. Electronic journal of differential equations, (256): 1-22.

LOAICIGA A H, LEIPNIK R B,2000.Closed-form solution for coastal aquifer management[J]. Journal of water resources planning & management, 126 (1): 30-35.

LUCE R, PEREZ S, 1999. Parameter identification for an elliptic partial differential equation with distributed noisy data[J]. Inverse problems, 15: 291-307.

MCLAUGHLIN D, TOWENLEY L R, 1996. A reassessement of the groundwater inverse problem[J]. Water resourse research, 32 (5): 1131-1161.

MEYERS N G, 1963. An LP-estimate for the gradient of solution of second order elliptic divergence equations[J]. Annali della Scuola normale superiore di Pisa., 17: 189-206.

NAJI A , OUAZAR D, CHENG A H-D, 1988. Locating saltwater/freshwater using nonlinear programming and h-adaptive BEM[J]. Engineering analysis with boundary elements, 21 (3): 253-259.

NAJI A, 1988. Determenistic and stochastic solution of saltwater intrusion into coastal aquifers using analytical, BEM and optimization techniques[D]. Rabat: Ecole Mohammedia d'ingénieurs, Université Mohamed V.

NAJIB K, ROSIER C, 2011. On the global existence for a degenerate elliptic-parabolic seawater intrusion problem[J]. Mathematics and computers in simulation, 81 (1): 2282-2295.

NECEDAL J, WRIGHT S J, 1999. Numerical Optimization[DB]. Springer.

Oleinik O A, 1959. Uniqueness and stability of generalized solution of the cauchy problem for a quasilinear equation[J]. Uspehi Mat. Nauk, 14: 165-170.

PELETIER L A, VAN DUIJN C J, 1992. A boundary layer problem in fresh/salt groundwater flow[J]. The quarterly journal of mechanics and applied mathematics. 45 (1): 1-24.

PIGGOT A R, BOBBA A G, 1994. Inverse analysis implementation of the SUTRA ground-water model[J]. Groundwater, 32 (5): 829-836.

POLO J F, FRANCISCO J R R, 1983. Simulation of salt-fresh water interface Motion [J]. Water resourse research, 19 (1): 61-68.

RUBINSTEIN J, STERNBERG P, KELLER J B, 1989. Fast reaction, slow diffusion, and curve shortening[J]. SIAM journal on applied mathematics, 49: 116-133.

RUBINSTEIN J, STERNBERG P, KELLER J B, 1993. Front interaction and non-homogeneous equilibria for tristable reaction-diffusion equations[J]. SIAM journal on applied mathematics, 53: 1669-1685.

SHAMIR U, BEAR J, GAMLIEL A, 1984. Optimal annual operation of a coastal aquifer[J]. Water resources research, 20: 435-444.

SHMORAK S, MURCADO A, 1969. Upconing of fresh water-sea water interface below pumping wells, field study[J]. Water resources research, 5 (6): 1290- 1311.

SLOOTEN L J, HIDALGO J, CARRERA J, 2002. Parameter estimation in density dependent groundwater flow and solute transport medelling[C]. 17th Salt Water Intrusion Meeting, Delft, Netherlands, 6-10 May.

SONNELVED P, 1989. CGS : A fast Lanczos-type solver for nonsymmetric linear systems[J]. SIAM journal on scientific computing, 52: 10-36.

SUN N-Z, 1994. Inverse problems in groundwater modelling[M]. Dordrecht: Kluwer Academic Publishers.

SUN N-Z, YEH W G, 1990, Coupled inverse problems in groundwater modelling 1. Sensivity analysis and parameter identification[J]. Water resources research, 26: 2507-2525.

TALIBI M E, TBER M H, 2005. Existence of solutions for a degenerate seawater intrusion problem[J]. Electronic journal of differential equations, 72: 1-14.

TBER M H, TALIBI M E, 2007. A finite element method for hydraulic conductivity identification in a seawater intrusion problem[J]. Computers & Geosciences, 33: 860-874.

TBER M H, TALIBI M E, OUARAZA D, 2007. Identification of the hydraulic conductivities in a saltwater intrusion problem[J]. Journal of inverse and Ill-posed problems, 15: 1-20.

TBER M H, TALIBI M E, OUARAZA D, 2008. Parameters identification in a seawater intrusion model using adjoint sensitive method[J]. Mathematics and computers in simulation, 77 (2-3): 301-312.

VAN DAM J C, SIKKEMA P C, 1982. Approximate solution of the problem of the shape of the interface in a semi-confined aquifer[J]. Journal of hydrology, 56: 221-237.

VAN DER VEER P, 1977. Analytical solution for steady interface flow in a coastal aquifer involving a phreatic surface with precipitation[J]. Journal of hydrology, 34: 1-11.

VAN DER VEER P, 1978. Exact solution for two dimensional groundwater flow problems involving a semi-previous boundary[J]. Journal of hydrology, 37: 159-168, 1978.

VAN DER VORST H, 1992. Bi-CG STAB : A fast smoothly converging variant of Bi-CG for the solution of non-symmetric linear systems[J]. SIAM journal on scientific computing, 13: 631-644.

VAPPICHA V N, NAGARAJA S H, 1976. An approximate solution for the transient interface in a coastal aquifer[J]. Journal of hydrology, 31 (1-2): 161-173.

VERRUIJT A, 1968. A note on the Ghiber-Herzberg formula[J]. A note on the Ghiber-Herzberg formula, 13: 43-46.

Vogel C R, 2002. Computational methods for inverse problems[EB/OL]. [2020-03-13].http://epubs.siam.org/doi/pdf/10.1137/1.9780898717570.ch3

WARREN J E, PRICE H S, 1967. Flow in heterogeneous porous media[J]. Society of petroleum engineering journal, 1 (3): 153-169.

WILLIS R, FINNEY B A, 1988. Planning model for optimal control of saltwater intrusion[J]. Journal of water resource planning & management, 114: 163-178.

WILSON J L, SA A, COSTA D A, 1982. Finite element simulation of a saltwater/freshwater interface with indirect toe tracking[J]. Water resource research, 18 (4): 1069-1080.

YEH W W G, 1986. Review of parameter identification procedures in ground-water hydrology : The inverse problem[J]. Water resources review, 2: 95-108.

Zeidler E, 1986. Nonlinear functional analysis and its applications, T1(Fixed-point theorems)[M]. New York: Springer-Verlag.